Evolutionär orientierte Bioethik im Zeitalter der Life-Sciences

Bernhard Irrgang

Evolutionär orientierte Bioethik im Zeitalter der Life-Sciences

Einführung in die nichtmedizinische Bioethik aus hermeneutisch-phänomenologischer Perspektive

PETER LANG
EDITION

Bibliografische Information der Deutschen Nationalbibliothek
Die Deutsche Nationalbibliothek verzeichnet diese Publikation in der Deutschen Nationalbibliografie; detaillierte bibliografische Daten sind im Internet über http://dnb.d-nb.de abrufbar.

ISBN 978-3-631-67706-3 (Print)

E-ISBN 978-3-653-07206-8 (E-PDF)

E-ISBN 978-3-631-69335-3 (EPUB)

E-ISBN 978-3-631-69334-6 (MOBI)

DOI 10.3726/ 978-3-653-07206-8

Peter Lang Edition ist ein Imprint der Peter Lang GmbH.

Peter Lang – Frankfurt am Main · Bern · Bruxelles ·
New York · Oxford · Warszawa · Wien

Diese Publikation wurde begutachtet.

www.peterlang.com

Inhaltsverzeichnis

Vorwort

Knapp 25 Jahre nach der Verabschiedung von HUGO, dem Human Genome Project der EU in Brüssel Anfang der Neunzigerjahre des letzten Jahrhunderts, an dem ich als ethischer Fachvertreter maßgeblich im Ausschuss ESLA (Ethical, social. legal aspects) beteiligt war, können wir heute besser übersehen, was damals noch unklar war. Dieses Megaprojekt molekularbiologischer Forschung hat uns zwar auf breiter Front noch nicht die praktischen Folgen gebracht, welche uns versprochen oder auch befürchtet worden waren, sondern vielmehr hat das Schlüsselprojekt der Genom-Forschung für die moderne Biologie und Anthropologie umfassende neue Erkenntnisse erarbeitet, die sich auch in der ethischen Beurteilung niederschlagen sollten. Das zweite Großereignis war das Klonen des Schafes Dolly durch Jan Wilmut. Ich möchte daher als Summe meiner Arbeit an der Bioethik hier einen kleinen Entwurf einer zeitgemäßen Bioethik präsentieren, die nicht Ethik dogmatisch voranstellt, sondern aus einer Reflexion der Biologie auf der Basis der Genom-Forschung heraus erwachsen lässt.

In der technologischen wie in der wissenschaftlichen Forschungspraxis verflüchtigt sich der Gegensatz von natürlich und künstlich, von Natur und Technik immer mehr, während er in der ethischen Diskussion immer emphatischer herangezogen wird. Die hier entworfene Bioethik verdankt sich dem Paradox der Life-Sciences: Das Natürliche und das Lebendige wird am effizientesten mit modernster Techno-Science erforscht und verstanden. Der erfolgreiche technische Zugang zum Lebendigen wie zum Organismus und seiner Organisation sind wesentlicher Ausgangspunkt auch für die Analyse der sittlichen Dimensionen der Erkenntnis des Lebendigen und des Umgangs mit ihm. Bioethik beschränkt sich nicht auf medizinische Ethik und das Arzt-Patienten-Verhältnis, sondern erwächst dem Boden jener Technik, die in der Medizin wie in der Biologie seit den 60er und 70er Jahren des letzten Jahrhunderts in stark anwachsendem Maße herangezogen werden, nicht nur, um im Sinne medizinischer Reparatur zu heilen oder Gesundheit wiederherzustellen, sondern weil der biomedizinischen Eingriff Aussicht auf Verbesserung verheißt. Daher steht hier ein handlungsorientierten Ansatz und Fragen des Umgangs mit Lebendigem und vor allem mit dem Menschen im Vordergrund.

Traditionell wurde in der Bioethik der moralische Status von Pflanzen, Tieren (jeweils Gattungen von Lebewesen), individueller Tiere (Nutztiere, Schimpansen), des menschlichen Embryos und des autonomen Menschen aus einem Naturkontext heraus diskutiert und für den Menschen das Personprinzip herangezogen. Funktionale Bewertung ist aber von ethischer Bewertung zu unterscheiden, aber als „Wert des menschlichen Lebens" neben der personal-leiblichen Würde des Menschen zu berücksichtigen. Bioethik soll also nicht als Naturethik, sondern als Ethik einer spezifisch menschlichen Praxis entworfen werden, die allerdings ihre Wurzeln in der natürlichen Evolution und insbesondere in der Entwicklung des Gehirns und des durch dieses Organ gesteuerte Verhalten. Nicht die Geschichte der Ethik ist maßgeblich für die zu entwickelnden Normen, sondern menschliche Handlungen. Schlüsselfragen sind dabei die nach der Autonomie des Sittlichen, nach dem Bezug der Ethik zur Empirie und die Bewertung des Tier-Mensch-Unterschiedes.

Dresden, im Frühsommer 2016
Bernhard Irrgang

0. Bioethik im Zeitalter der Life-Sciences

Nicht das Leben selbst wirft die meisten bioethischen Probleme auf, sondern der technische Umgang mit Lebendigem. Nehmen wir gleich am Anfang ein provozierendes Beispiel: Befruchtung ist ein Vorgang, der nichts spezifisch Menschliches an sich hat, sondern z. B. bei Säugetieren hunderttausend oder millionenfach abläuft. Natürlicherweise stand und steht am Anfang einer menschlichen Embryonalentwicklung ein Befruchtungsvorgang mit menschlichen Genen. Heute kann dieser Vorgang technisch erzwungen (Mikroinjektion des Spermas in die Eizelle) oder durch den Vorgang des Klonens, bald auch durch den der Stimulation einer weiblichen Eizelle ersetzt werden. Geboren wird in allen drei Fällen ein Mensch. Alle drei technischen Alternativen nutzen das natürliche Entwicklungspotential weiblicher Eizellen. Natur kann also nicht die Entscheidungsgrundlage für die Auswahl einer technischen Methode abgeben. Aber lässt sich aus der Analyse der technischen Handlung alleine ihre ethische Bewertung ableiten? Vorsicht erscheint angebracht.

Die Lage der Bioethik als Bereich anwendungsorientierter Ethik ist keineswegs beneidenswert. Oft ersetzt emotionale Betroffenheit die erforderliche ethische Argumentation. Eine einheitliche Verwendung des Terminus Bioethik gibt es nicht. Die Vorsilbe „Bio“ bezieht sich nach einer verbreiteten Sichtweise auf die Biomedizin und die Biotechnologie; Ethik meint die theoretische bzw. philosophische Beschäftigung mit Fragen der Moral. Bioethik ist nicht deckungsgleich mit Medizinethik, die bisweilen auf normative Fragen im Arzt-Patienten-Verhältnis beschränkt wird. Einige Theoretiker beziehen die Vorsilbe „Bio“ generell auf das Leben und alles Lebendige. Dieser Interpretation zufolge gehören auch die Tierethik und die ökologische Ethik dazu. Beide Dimensionen sollen in dieser Bioethik im Vordergrund stehen. Ich werde die damit verbundenen Fragen insbesondere aus der Perspektive der Lebenswissenschaften darstellen. Bioethiker werden als Moralexperten betrachtet. Aber worin besteht das Expertentum, wenn es um die ethische Beurteilung geht? Die Antwort sollte in ethischer Analyse und Diskussion der Probleme mithilfe spezifischer Kompetenzen erarbeitet werden. Expertengremien wie Ethikkommissionen beschäftigen sich mit Fragen der Bioethik in zunehmendem Maße. Eine anwachsende Internationalisierung der Forschung ist zu verzeichnen. Angewandte Ethik meint dabei nicht, dass man bestimmte Ethiktheorien auf Fragen der Bioethik anwendet. Es ist auch fraglich, ob Kasuistik als Alternative zum Theorienstreit eine Lösung anbietet.

Für eine philosophische Disziplin fehlt der Bioethik eigentlich alles: einheitliche Grundprinzipien, eindeutige Abgrenzungskriterien, gemeinsame Probleme und Diskussionen. Und wie steht es mit einem einheitlichen Gegenstand? Das Leben, könnte man meinen, ist Gegenstand der Bioethik. Doch was ist das Leben? Vielleicht kann man versuchen, als Gegenstand der Bioethik die Life-Sciences zu begreifen, die möglicherweise als wissenschaftliche Disziplin einen genaueren Gegenstand abgibt als das Reich des Lebendigen. Dies ist kein unplausibler Vorschlag. Eine Verkürzung auf die biomedizinische Ethik ist zwar naheliegend, aber keineswegs dem Gegenstand angemessen. Auf der anderen Seite steht eine auf Soziobiologie und Ethologie basierende evolutionäre Ethik, die ihren Gegenstand naturalistisch verkürzt und direkt auf das Leben meint zurückgreifen zu können, obwohl die Life-Sciences keine naturale, sondern eine kulturelle Praxis darstellen. Bioethik ist ein Kind moderner Wissenschaft und Technik.

Neu und interessant bei der Bioethik ist die Diskussion in der Öffentlichkeit um Ethik, die Verknüpfung von philosophischer Ethik und öffentlicher Diskussion. Bioethik umfasst professionelle Abhandlungen, Darstellungen in den Medien, öffentliche Stellungnahmen sowie Ausschüsse und Gremien. Es ist ein Erfolg für die Ethiker, denn es ist endlich gelungen, aus dem Elfenbeinturm auszubrechen. Eine institutionalisierte Bioethik wurde geschaffen. Diese gesellschaftliche Wirkung einer philosophischen Disziplin sollte Anlass für die Philosophie, die traditionell einen starken Selbstbezug zu ihrer Geschichte hatte, für eine eingehendere Selbstreflexion und Selbstaufklärung unter Berücksichtigung der Technik und Wissenschaft in einer modernen Gesellschaft sein. Der Arbeits- und Reflexionsprozess in einem Gremium entspricht nicht unbedingt dem Resultat einer wissenschaftlichen Arbeit. Das Produkt am Ende des Reflexionsprozesses eines Gremiums ist ein Gutachten, ein Protokoll, eine Empfehlung oder eine Richtlinie, die anderen Maßstäben als denen einer wissenschaftlichen Arbeit insbesondere im Hinblick auf praktische Relevanz und Machbarkeit verpflichtet sind. Ausschlaggebend für die Gremienarbeit ist die Formulierung eines Auftrages.

Der Adressat ist nicht der Fachkollege. Andererseits sind Moralphilosophie und Ethik traditionell geisteswissenschaftliche Fächer. So macht die Bioethik deutlich, dass eine neue geisteswissenschaftliche Grundlegung nicht zuletzt orientiert an Wissenschaften und eine Veränderung der Geisteswissenschaften selbst dringend erforderlich erscheint.

Die Bioethik entstand zu Beginn der 70er Jahre in den USA. Der Onkologe van Reunschar Potter hatte 1971 die Etablierung einer neuen Disziplin vorgeschlagen, die auf eine Synthese von Naturwissenschaft und Moralphilosophie abzielt. Es sollte eine Überlebenswissenschaft vor dem Hintergrund der ökologischen Krise sein. 1971 wurde der Begriff Bioethik von Andre Hellegers am Kennedy Institute of Ethics an der George Town University in Washington eingeführt. Auch hier sollte eine Kombination von Ethik und Naturwissenschaften, aber bezogen auf konkrete Problemfälle, eingeführt werden. Es handelte sich um den Anfang einer Ethics of Health Care und der Life-Sciences. Eine Vielzahl von ethischen Methoden wurde in den letzten Jahren erarbeitet, die in der Bioethik Anwendung finden sollten. Zu unterscheiden ist ein enger Begriff von medizinischer bzw. biomedizinischer Ethik und ein weiter Begriff für Bioethik, der auch Umweltethik und Tierschutzethik umfasst, wie z. B. im Lexikon für Bioethik (Irrgang 1998b).

Der amerikanische Hintergrund für die Bioethik schlägt sich in einem Moralismus und einem Meliorismus nieder, der alles verbessern möchte. Religiös geprägte Denker standen am Anfang der Bioethik. Allerdings verlor der religiöse Einfluss auf das bioethische Denken im Laufe der 70er Jahre zunehmend an Bedeutung. Zur Entstehungszeit waren die vorherrschenden philosophischen Strömungen der logische Positivismus und die analytische Philosophie. Im Horizont der Bioethik haben sich aber zunehmend liberale, egalitaristische, antiautoritative und emanzipatorische Ansätze mit zunehmendem Einfluss des Pragmatismus herausgebildet. Insofern war Bioethik ein Gebiet und Einfallstor für alternative methodologische Zugänge zur Philosophie. Im Hintergrund standen auch Veränderungen in der Gesellschaft und im Gesundheitswesen. Das Autonomieprinzip führte zu einer Transformation der ärztlichen Ethik im Sinne einer moralphilosophisch angeleiteten Reflexion und zu einer zunehmenden Institutionalisierung. Präzedenzfälle, Einzelfälle und Fallstudien fanden Eingang in die Bioethik. Unethische Experimente an Mensch und Tierversuche waren immer Ausgangspunkt für bioethische Reflexionen. Die zunehmende Bedeutung von

Ethikkommissionen beeinflusste die Bioethikdiskussion. Sie beschränkten sich in unserem Bereich auf Tierversuchskommissionen. So entstanden professionelle Bioethiker und ein gewisses Berufsbild für diese.

Bioethik in Europa begann erst Mitte der 80er Jahre. Autonomie ist in Deutschland stark an Kant orientiert. Die europäische Philosophie ist weit weniger pragmatisch ausgerichtet als in den USA. Auch im deutschen Sprachraum setzte eine stärkere Beschäftigung mit angewandter Ethik erst Mitte der 80er Jahre ein. Die Initialzündung hierzu ging von der Debatte um Gentechnik und Reproduktionsmedizin aus. Heute geht es nicht nur um eine Änderung in der Medizin. Es wurde bewusst, dass mit den Veränderungen der Rahmenbedingungen der Medizin, mit der Gefährdung der Lebensgrundlage des Menschen und der Entwicklung der neuen Technologien schwierige moralische Fragen aufgeworfen wurden.

Häufig wird der Begriff Bioethik inzwischen als Oberbegriff für die Medizin-, Tier- und Umweltethik verwendet. Unter Bioethik werden dann alle ethischen Fragen subsumiert, die mit dem Lebendigen zu tun haben. Es lässt sich allerdings nicht übersehen, dass der Begriff dadurch unscharf wird und die Einordnung innerhalb der Bereiche der angewandten Ethik nicht recht klar ist. Durch die Zuspitzung auf die Life-Sciences – wie hier vorgeschlagen – kann dieser Mangel ausgeglichen werden. In Deutschland wird Bioethik häufig auch als ideologischer Begriff angesehen. Man betrachtet Bioethik dann nicht als Terminus für eine Bereichsethik, sondern für eine Ethikrichtung. Auf der Basis des Euthanasieprogramms des Dritten Reiches werden die Biowissenschaften als weltweit operierende Formation (Ideologie) zur Erweiterung der Eingriffsmöglichkeiten in das Lebendige aufgefasst. Die aggressivere Anklage lautet auf Akzeptanzbeschaffung, d.h. auf den Versuch der politisch motivierten Beeinflussung der öffentlichen Meinung im Dienste des technischen Fortschritts. In diesem Zusammenhang muss berücksichtigt werden, dass Bioethik nicht nur eine akademische Disziplin ist, sondern der Begriff auch für politische Aktivitäten, Kommissionsarbeiten und lobbyistische Bemühungen verwendet wird. Trotz aller dieser wissenschaftsfremden Einflüsse ist jedoch daran festzuhalten, dass es sich bei der Bioethik in erster Linie um eine wissenschaftliche Herausforderung handelt, allerdings mit umfangreichen gesellschaftlichen Auswirkungen.

Im Hinblick auf die Unterstellung des Ideologieverdachtes für die Bioethik ist weiterhin die enge Verknüpfung des Utilitarismus mit der Bioethik zu berücksichtigen. Im Blick auf die neuen medizinischen Techniken wurde der Utilitarismus in der öffentlichen Debatte zum Wortführer eines Angriffs auf traditionelle Moralvorstellungen – und zwar sowohl in der Selbstwahrnehmung als auch in der Perspektive der Kontrahenten. Die Frontstellung Utilitarismus insbesondere repräsentiert von Peter Singer und der traditionellen Ethik hat die Rezeption der Bioethik wesentlich geprägt. Peter Singers Aufenthalt in Deutschland im Jahre 1989 war ein Beispiel einer Bioethikdiskussion, wie sie nicht sein sollte. Die Kritik an Singer wurde bald auf die Bioethik überhaupt übertragen. Daher wurde die zersetzende Kraft ethischer Argumentation im Hinblick auf die moralische Intuition hervorgehoben und angeprangert. Eine Auffassung von Moral als Frage des subjektiven Geschmacks ist völlig unzureichend, wenn es um die Basis gemeinschaftlicher Entscheidungen geht. Die Frage einer sozial verbindlichen Moral oder einer Minimalmoral ist für die Bioethik nicht ausreichend.

Der Minimalismus in der Ethik beschränkt sich auf Grundlinien (Birnbacher 2003, 77–84). Es geht um die Beschränkung der groben Umrisse der Moral. Der „harte Kern" ist ein kleiner Ausschnitt aus dem Moralsystem. Die Prinzipien gelten in einer solchen Ethikkonzeption nicht bedingungslos, sondern sind offen für Ausnahmen. Es handelt sich bei einer Minimalethik um allgemein beurteilungsrelevante Gesichtspunkte. Eine der Minimalethiken, die in letzter Zeit fundamental geworden sind, ist die Bioethik von Beauchamp und Childress. Diese bietet als Prima-Fazie-Prinzipien ethischer Orientierung folgende Grundleitlinien an: (1) Nichtschädigung; (2) Selbstbestimmung (Autonomie) respektieren; (3) Fürsorge und Wohltun und (4) Gerechtigkeit. Wir haben hier eine individualorientierte Minimalethik.

Gerts Minimalmoral bzw. Minimalethik geht von der Grundannahme aus: Alle Menschen sollten die Regel im Hinblick auf alle Personen befolgen, an denen ich interessiert bin, es sei denn sie hätten Grund zu der Annahme, dass eine berechtigte Ausnahme vorliegt, die ich anerkennen würde. Die Grundmaxime lautet in diesem Zusammenhang: Beraube niemanden seiner Freiheit oder seiner Chancen. Daraus folgen fünf Regeln: (1) verursache keinen Tod; (2) verursache keine Schmerzen; (3) verursache keine Unfähigkeit; (4) verursache keinen Verlust von Freiheit oder Chancen; (5) verursache keinen Verlust von Lust. Rationale Menschen werden nicht immer dieselben Güter wünschen, obwohl sie alle dieselben Schäden vermeiden wollen, bewerten sie doch diese nicht in der gleichen Weise (Gert 1983, 119–133).

Verletzungen moralischer Regeln können unter Umständen gerechtfertigt werden, es gibt auch ein ungerechtfertigtes Einhalten dieser Regeln (Gert 1983, 135). Wenn alle Menschen allwissend wären bzw. alle Konsequenzen ihrer Handlungen kennen würden, dann bräuchten sie keine moralischen Regeln (Gert 1983, 169). Pflichten sind im Allgemeinen in bestimmten Ämtern, Berufen und Rollen verbunden. Pflichten sind nicht identisch mit Regeln. Mitleid kann zu unmoralischem Handeln verführen. Ein blinder Gehorsam gegenüber Pflichten ist ungerechtfertigt. Gert formuliert weitere fünf Regeln seiner Minimalmoral. Sie umfassen: (6) du sollst nicht täuschen; (7) du sollst deine Versprechen halten; (8) du sollst nicht betrügen; (9) du sollst dem Gesetz gehorchen; (10) du sollst deine Pflicht tun (Gert 1983, 175–179). Jede der zweiten Gruppe der fünf moralischen Regeln ist mit einer Tugend gekoppelt. Selbstverständlich bedarf es zur Auslegung dieser Minimalmoral und der zugrundeliegenden moralischen Regeln einer ethischen Hermeneutik im Sinne einer Interpretationskunst, die diese Regeln situationsangemessen anwendet und formuliert.

Mit der Bioethik von Beauchamp und Childress verliert die traditionelle Prinzipienethik in der Bioethik an Plausibilität zugunsten eines liberalen Modell mit handlungstheoretischem Hintergrund in der Praxis und argumentiert auf unterschiedlichen Ebenen des sittlich Normativen.. Das liberale Modell geht von Prinzipien mittlerer Reichweite bzw. mittlerer Geltungsweite aus. Die Zuspitzung des liberalen Modells führte zu Konsensualisierung, Minimalisierung und Prozeduralisierung der Ethik. Trotz moralischem Pluralismus sollte aber ein minimaler Rest an gemeinsamen Übereinstimmungen wie an Theorie herausgearbeitet werden. Dabei stellt sich die Frage: Kann die Ethik gehaltvolle normative Konzeptualisierungen der Begriffe Gesundheit und Krankheit bei verschiedenen Formen des Lebens vorschlagen? Diese werden nicht ohne Konzepte wie Wert des Lebens und Qualität des Lebens herausgearbeitet werden können. Es geht um Einbettung des Menschen in seine natürliche, gesellschaftliche und kulturelle Umwelt. Eine anwendungsorientierte phänomenologisch-hermeneutische Methode versucht, dieser Situation in der Ethik gerecht zu werden. Die Kritik am Autonomieprinzip läuft darauf hinaus, dass dieses in einen abstrakten Intellektualismus führen kann. Angemessene moralische Urteile setzen eine kontextorientierte und sensible Wahrnehmung konkreter und spezifischer Beziehungen voraus. Hinzu kamen Kriterien einer wissenschaftstheoretischen Veränderung in der Medizin und in den Umweltwissenschaften im Sinne einer Abkehr von der einseitigen Orientierung an technischer Beherrschbarkeit, am Maschinenparadigma und an einer Prothesenideologie.

Gegenüber der Alltagsferne vieler moralischer Prinzipien betont der Kontextualismus buttom-up-Modelle. Prominentestes Beispiel für den Kontextualismus ist die Kasuistik, in der Situations- und Problemkonstellationen aufeinander bezogen werden. Kasuistisches Denken misst Moraltheorien nur begrenzte Bedeutung zu, ist aber nicht gänzlich theoriefrei. Es garantiert Alltagsnähe und Kontextsensibilität. Kritisiert wird aber auch eine zu große Alltagsnähe und Anbiederung an die gesellschaftliche Entwicklung. Blindheit, Verzicht auf Theorie und Prinzipien werden der Kasuistik angerechnet. Alltagsvorstellungen, Konventionen und Intuitionen sollten auch in der moralischen Theorie keine allzu große Rolle spielen. Die kritische Reflexion gesellschaftlicher Voraussetzungen und Auswirkungen neuer Handlungsoptionen konnten im Kontextualismus diskutiert werden.

Die Kasuistik geht nicht von einer (übergreifenden) Theorie der normativen Ethik aus, solche Theorien erscheinen vielmehr als entbehrlich oder defizient, sondern von der Analyse von Fällen. Dazu aber braucht sie ethische Theorie, wie sie eine hermeneutisch-phänomenologische Methode anbietet. Sie versucht der Spannung gerecht zu werden, die in jeder Ethik zwischen dem Anspruch auf universelle Gültigkeit und der erhöhten Aufmerksamkeit für Einzelfälle besteht. Die Befürchtung, eine solche Ethik werde zur Mitleidsmoral und setze das Interesse am Leiden und an der Integrität der Patienten oder der Tiere an die Stelle der Kohärenz der Argumente, ist unbegründet, da sich beide Perspektiven wechselseitig ergänzen. Für Kasuistik sind also Rahmenbestimmungen für moralische Debatten wichtig, also eine ethische Theorie wie methodologisch-epistemische Metatheorie wie auch paradigmatische Fälle. Generelle moralische Regeln dienen als Maximen. Heutzutage können partikuläre moralische Entscheidungen nicht einfach auf eine universelle ethische Regel für einzelne Fälle zurückgeführt werden. Sie müssen angewandt und abgewandelt werden. Bei der Prinzipienethik ist der Rückgriff auf Geometrie und Mathematik fundamental, in der Kasuistik auf praktische Behauptungen. Fragen der Urteilskompetenz verbinden sich mit der Suche nach relevanten Verallgemeinerbarkeiten und

Berücksichtigung praktische Felder wie Gesetz, Medizin und öffentlich Verwaltung (vgl. Jonson/Toulmin 1988, 23–31).

Im Unterschied zu einer wissenschaftlichen Theorie mit zeitlosen Prinzipien treten in der juristischen und medizinischen Praxis berufsständische Probleme auf. In der medizinischen Praxis geht es z. B. um die Wirkung eines Antibiotikums. Theoretische Argumente sind Ketten von Beweisen, während praktische Argumente Methoden für das Lösen von Problemen darstellen. Das Ideal der Geometrie ist Axiomatisierung. Klinische Medizin ist aber ein praktisches Unternehmen. Wir wissen aus der Erfahrung, dass Hühnchenfleisch tatsächlich nahrhaft ist. Medizin verbindet Theorie und Praxis, intellektuelle Aufgaben und technische Fähigkeiten auf eine eigentümliche und charakteristische Art und Weise. Klinische Medizin ist wissenschaftlich nur in diesem einen Sinn, dass die Behandlung einer Krankheit in der Regel auf einen verallgemeinerten wissenschaftlichem Wissen beruht, das aufgrund von Generalisierung über Generationen von forschenden Medizinern und Biologen ausgebildet wurde. Alles zusammengefasst ist Medizin daher deutlich mehr als nur angewandte biomedizinische Forschung. Es geht vor allem darum, bestimmte Heilungsmuster und auch Erkrankungsmuster zu erkennen (vgl. Jonson/Toulmin 1988, 33–40).

Eine Diagnose ist das Wiederkennen eines Syndroms. Das setzt die Fähigkeit zur Wiederidentifikation voraus. Dazu ist eine Argumentation aus der Analogie erforderlich. Kasuistik hat viel mit Diagnose zu tun. Es geht darum, eine angemessene Behandlung zu ermöglichen. Kasuistik benutzt die medizinische Taxonomie als Quelle, um paradigmatische Fälle herauszufinden, auf die sich alle Vergleiche zurückbeziehen können. Klinische Argumente lassen jeweils Platz für verantwortungsbewusste Mediziner, um unterschiedliche Diagnosen erstellen zu können. Außerdem ist es möglich, über marginale und zweifelhafte Fälle unterschiedlicher Meinung zu sein. In diesem Zusammenhang wird die Relevanz von taxonomischen Prozeduren für die Ethik deutlich. Lösungsansätze müssen darauf zurückgreifen. Es gibt Paradigmen, typische Fälle, und sie sind für die Analogiebildung unerlässlich (vgl. Jonson/Toulmin 1988, 39–44).

Moralisches Wissen ist in zentralen Punkten partikulär. Statt ethischer Deduktion ist unsere affektive Sensibilität für Moral zu schulen. Es geht um die zentralen praktischen Felder der Ethik (vgl. Jonson/Toulmin 1988, 304–331). Der Kohärentismus ist charakterisiert durch reflexive

Überlegungsgleichgewichte und Rückkoppelungsspiralen zwischen top-down und buttom-up-Argumenten. Bezugspunkte sind z. B. eine Theorie der Gerechtigkeit und/oder der Autonomie. Mittlere Prinzipien zwischen zwei Polen der Reflexion sind Ausgangspunkte einer solchen ethischen Theorie. Allerdings müssen Prioritäts- und Gewichtungsregeln den Prozess des hin-und-her Überlegens transparent machen. Heute vertreten die meisten Bioethiker ein kohärentistisches Verfahren. Die Institutionalisierung der Bioethik war an bestimmte Kontexte gebunden und hatte dementsprechende Folgen. Die Einrichtung von Ethikzentren, von Institutionen der Technikfolgenabschätzung, von Tierversuchskommissionen und Beratergruppen auf verschiedenen politischen Ebenen war eine Reaktion auf moralisch relevante Konflikte in der Gesellschaft. Klinische Ethikkommissionen waren häufig genug der Ansatzpunkt für weitere Institutionalisierungen. Sie hatten ganz unterschiedliche Aufgaben. Es gab spezifische Probleme und Konfliktpotentiale. Dabei wurde eine Spezifizierung der jeweiligen Kontexte erforderlich. Insgesamt führte die Institutionalisierung zu einem tiefgreifenden Rollen- und Funktionswandel vom Moralphilosophen zum Ethiker. Bioethische Expertise war gefragt.

Philosophische Argumente spielen in Ethikkommissionen häufig – wenn überhaupt – eine untergeordnete Rolle. Strukturelle Gründe für den Mangel an philosophischer Problemdurchdringung liegen darin, dass entsprechende Institutionen von vornherein eine andere soziologische Funktion haben. Warum ethische Fragen in Ethikkommissionen oftmals nicht die ihnen gebührende Aufmerksamkeit erhalten, lässt sich mit den unterschiedlichen Anforderungen der praktischen Ausrichtung von Institutionalisierungen und der theoretischen Ausrichtung einer universitären Disziplin erklären. Es gibt Leitdifferenzen, die quer durch alle institutionellen Kontexte eine wichtige Rolle spielen. Rekonstruktion und Analyse sind ganz wichtige Gesichtspunkte bei der Arbeit von Kommissionen. Moralische Expertise, moralische Kartographie und eine moralische Landkarte sind für Kommissionsarbeit erforderlich. Je entscheidungsnäher die Institutionen arbeiten, umso größer ist der Bedarf an Antworten. Die intellektuelle Aufarbeitung einer Problemkonstellation ist nicht genug. Gefragt sind Transparenz und Offenheit der bioethischen Expertise, nicht Wahrheit oder Objektivität, verlässliche moralische Orientierung.

Viele erwarten von Ethikkommissionen begründete Parteinahme in substantiellen, ethischen Fragestellungen. Parteilichkeit aber entspricht nicht der wissenschaftlichen Unparteilichkeitsforderung als Grundlage einer ethisch normativen Theorie. Es gibt unterschiedliche Funktionen von Kommissionen und wissenschaftlichen Institutionen und daraus resultieren Zielkonflikte. Manche Bioethiker sind der Auffassung, dass die Ethiker gewissermaßen als „Lobbyist" derjenigen Gruppen oder Betroffenen zu agieren haben, die selber ihre eigenen Interessen nicht vertreten können. Damit ergibt sich eine gewisse Konfliktkonstellation zwischen Kritik und Interpretation. Auch die Hauspolitik des Kommissionsträgers ist nicht ohne Einfluss auf die Arbeit der Kommission. Maximale Forschungsfreiheit und Kritikmöglichkeit sollten aber auch dem Bioethiker in Institutionen zugebilligt werden. Ein weiterer Konflikt zwischen Bioethik als wissenschaftlicher Disziplin und Gegenstand von Kommissionen ist die zwischen Theorie und Kompromiss. Je konkreter die Fälle sind, desto weniger kann man allgemeine Theorien erarbeiten.

Innerhalb einer Kommission ist eine einheitliche Moraltheorie oder gar eine ethische Theorie nicht zu finden. Häufig wird die Aufgabe genannt, sich in die Lage der Betroffenen zu versetzen. Die Nützlichkeit ethischer Expertise in Kommissionen muss erwiesen werden, weshalb Überredungs- und Überzeugungsstrategien eingebaut werden müssen. So lässt sich der Zielkonflikt zwischen akademisch-philosophischer Reflexion und den Aufgaben einer Bioethikkommission letztendlich nicht aufheben. Erforderlich für die konkrete Arbeit sind rationale Kontrolle der strategischen Implikationen. Häufig wird der Bioethik der Vorwurf gemacht, eine Anpassungsethik zu sein. Demgegenüber kann bioethische Expertise nur auf Transparenz, Konsistenz und Differenzierung setzen. Es geht um die Generierung der wichtigen und richtigen Probleme. Der sokratische Zweifel gegenüber dem, was von der Kommission für unproblematisch gehalten wird, ist die Aufgabe des Ethikers und Philosophen. Außerdem kann er bei der Erarbeitung von Konsensen helfen. Eine philosophische Ausbildung ist für den Bioethiker nicht zwingend erforderlich. Reicht aber eine fachphilosophische Ausbildung aus, um ein guter Bioethiker zu sein? Sind zertifizierte Bioethiker erforderlich? All diese Fragen sollten aber nicht dazu führen, dass es zu einer Abkoppelung der Bioethik von ihrem fachphilosophischen Ursprung kommt.

Bioethik ist als Instrumentarium zur Akzeptanzbeschaffung wohl nicht geeignet, muss aber noch Legitimität bereitstellen für die Aussagen und Lösungen, die in ihrem Kontext erarbeitet werden. Dabei ist ein disziplinärer von einem polemischen Begriff der Menschenwürde in der Bioethik zu unterscheiden. Das Ende der Natürlichkeit und die Entmoralisierung der Natur mögen beklagt werden, medizintechnischen Fortschritt werden die Klagen aber vermutlich nicht aufhalten. Die Kritik an der technologischen Zivilisation tritt häufig in Gestalt einer Kritik an der Bioethik auf. Die moralische Intuition wird häufig gegen rationale Analysen angeführt. Insgesamt sollte im Zusammenhang mit Bioethik auch das Projekt einer Ethikfolgenabschätzung vorangetrieben werden. Die Auseinandersetzung um die öffentliche Rolle der Bioethik hat die Fachdisziplin der Bioethik verändert und sollte auch die weitere Diskussion um das Selbstverständnis der Philosophie verändern. Die harsche Kritik am liberalen Modell führt zu einer Rückkehr zum Naturparadigma und verbindet sich mit dem Entfremdungsparadigma, wobei nicht klar wird, woher die Maßstäbe für die Bestimmung von Entfremdung kommen. Es schwächelt also nicht das liberale Paradigma der Patientenautonomie, sondern eine konservativ regressive Gesellschaftsideologie hält sich unberechtigterweise für progressiv und liebäugelt insgeheim mit romantischen Positionen einer aufgewärmten Heiligkeit des Lebens.

Die Verwendung von phänomenologischen und hermeneutischen Verfahren sowohl in der technologisierten Naturwissenschaft wie in den Geisteswissenschaften bzw. in der Ethik ist die Grundlage für die weitere ethische Betrachtung. Eine phänomenologisch-hermeneutische Ethik geht zunächst vom „empirical turn“ und „phenomenological turn“ aus, verbinden diese aber mit einem cultural turn auf der Basis einer Praxisepistemologie. Die alte dualistische Sicht der Ethik – hier die Welt der Technik, der Kultur, der Alltagsmoral, dort die Welt des kategorischen Imperativs, der heiligen Pflicht, die unerreichbar ferne ist und einer schier übermenschlichen Würde, die dem Menschen zugeschrieben wird – hat in dieser hermeneutisch-phänomenologischen Ethik keinen Platz. Dammbrüche im Hinblick auf die technologische Entwicklung können zudem ein Segen sein, z. B. dann, wenn falsch gezogene oder zu schwache Dämme rechtzeitig brechen. Der empirical turn in der Bioethik verknüpft sich also mit einem technological turn, der antinaturalistisch und kulturalistisch gemäß den heute dominierenden

Ansätzen in der Wissenschaftstheorie und Epistemologie ist. Neuere Ansätze in der Techno-Science-Forschung und den hermeneutisch-phänomenologischen Ansatz von Don Ihde und mir (Irrgang 2003b) sind weitere Ausgangpunkte für die phänomenologisch-hermeneutische Methode der hier zu entwickelnden Bioethik.

Bioethik geht von unterschiedlichen Paradigmen verschiedener Bereichsethiken aus. Zu diesen gehören Wissenschafts-, Technik- und Technologieethik, Umweltethik bzw. ökologische Ethik, Tierschutzethik, medizinische Ethik und deren moderne biomedizinische Variante. Bioethik ist damit keine klassische Bereichsethik oder praktische Ethik im herkömmlichen Sinn trotz ihrer oftmals langen Tradition, sondern Ausdruck der modernen Forschung, die im Paradigma von Techno-Sciences, konkret hier der Life-Sciences getätigt wird. Als ethische Paradigmen, die in dieser Transbereichsethik eine Rolle spielen, sind (1) die Freiheit der Forschung, die Vorsicht bei riskanten Unternehmen und das Streben nach wirklichem Wissen, (2) gelingende Technik, Sicherheit auch bei Innovationen, Effektivität und Wirtschaftlichkeit, (3) Umweltverträglichkeit, Nachhaltigkeit, Biodiversität, (4) Tierschutz bzw. Schmerzvermeidung und (5) Patientenautonomie, Entscheiden für andere, informed consent und das Patientenwohl zu nennen. Eine Ethik des Lebendigen setzt also einen gewissen empirical turn voraus, allerdings in einer kulturalistischen Interpretation, wie ihn die Phänomenologie und eine pragmatisch gewendete Hermeneutik vorschlägt.

Gemäß dem Ansatz von Deuten und Werten (Irrgang 1998a, Lenk 1993, Lenk 1995; Irrgang 2007) handelt es sich auch bei der Interpretation von Natur um Interpretationskonstrukte, die wir an die Natur herantragen. Der Wertansatz wird im Sinne einer inhaltlich zu konkretisierenden ethischen Argumentation im Hinblick auf Werte bzw. Normen und Werte ausgeführt. Ein nüchterner empirischer wie ethischer Blick kombiniert phänomenologische und hermeneutische Aspekte an einer Ethik der Forschungspraxis wie der Gebrauchs- und Anwendungspraxis im Bereich lebender Organismen. Dabei gibt es Werte, die durch konkrete Bedürfnisse generiert werden, also auch biologisch fundierte Werte und – ethisch gerechtfertigte – Wünsche von Individuen bzw. Organismen, also die subjektive Seite des Wertens, auf der anderen Seite konkrete Verpflichtungen, die Werte konstituieren, also die objektive Seite der Werte und einer Ethik, in der Argumentation das angemessene Medium ethischer Aussagen darstellt.

Die folgenden Überlegungen zur Bioethik sollen eine plausible wertende Interpretation vorlegen, die ihre Voraussetzungen grundsätzlicher Art offen zu legen versucht, damit sie diskutiert werden können. Ihr Vorgehen ist hermeneutisch-explikativ, kritisch rekonstruktiv, phänomenologisch-hermeneutisch hinsichtlich naturaler Phänomene verknüpft mit explikativ-fundierenden Argumentationsverfahren. Argumentative Plausibilisierungsstrategien treten an die Stelle von Letztbegründungen kategorischer Verpflichtungen. Eine gewisse Skepsis gegenüber Letztbegründungen materialer Werte und Verpflichtungen kategorialer Art verbindet sich mit Skepsis gegenüber „intrinsice" (an sich gut oder schlecht)-Zuschreibungen, die auf naturrechtliche Argumente hinweisen. Dabei bemühe ich mich um einen Diskussionsvorschlag – aus einer reflektierten europäischen philosophischen und ethischen Tradition und Perspektive heraus – für eine globale Bioethik. Es geht um den Versuch einer systematischen Aufarbeitung und Strukturierung der bioethischen Debatte von einem Punkt aus unternommen, der für eine systematische Retrospektive besonders geeignet erscheint, da sich die genomische Phase der modernen Biotechnologie ihrem Ende nähert (Irrgang 2003c). Ein halbes Jahrhundert nach Watson und Crick erhebt die „Eule der Minerva" ihre Schwingen, um forschungsethisch wie epistemologisch die Grundlagen des Lebendigen und seiner Entwicklung neu zu durchdenken, um die interpretatorischen Leitlinien herauszuarbeiten, die die ethische Diskussion der nächsten Jahre strukturieren könnte.

Die Entdeckung der Struktur der Erbsubstanz DNA vor fünfzig Jahren war eine kulturelle Zäsur. Mit ihr Begann der Aufstieg der Biologie zur Leitwissenschaft unserer Zeit. Ein weiterer wichtiger Schritt in diesem Zusammenhang war das Humangenom Projekt. Die Schnittstelle von Genetik und Fortpflanzungsmedizin wurde immer mehr zum Ansatzpunkt der Biomedizin und der bioethischen Fragestellungen. Der Utilitarismus kennt nur relative Werte, sein Ausgangspunkt ist das Streben nach Glück. Benthams hedonistisches Kalkül stellt die Verfolgung des Glücks oder das Erstreben des Glücks in den Mittelpunkt. Vier Prinzipien charakterisieren den Utilitarismus: (1) Konsequenz, (2) Utilität, (3) Glück, Wohlergehen, Hedonität und (4) Handlungen bzw. Regeln. Die Nutzenethik kennt keine absoluten Gebote. Dies gilt auch für das Menschenrecht auf Leben. Im utilitaristischen Gesamtkalkül ist das Leben des Einzelnen nur dann schützenswert, wenn dies zum größtmöglichen Nutzen aller beiträgt. Die moderne utilitaristische

Ethik kennt ein allgemeines Recht auf Leben. Die Würde des einzelnen Menschen spielt bei seiner Begründung eine eher untergeordnete Rolle. Der Utilitarismus spielt eine bedeutende Rolle in der Bioethik und geht von dem natürlichen Überlebensinteresse aller Lebewesen aus.

Die Life-Sciences sind ein Produkt der Experimental- und Laboratoriumswissenschaften. Und Experimentalwissenschaften sind risikobehaftet, nicht nur, wenn sie vom Labor den Weg ins Freiland suchen. Die Alternative wäre, nicht mehr zu experimentieren, sondern nur noch zu beobachten. Das ist der Traum von der alternativen Naturwissenschaft (Irrgang 1992) und der konservativen Lebensschützer, durch Nicht-Handeln das Risiko auszuschalten. Aber auch die Natur produziert Gefahren; sie ist und bleibt gefährlich, auch ohne Wissenschaft. Dabei befinden sich die Life-Sciences in einer Umbruchssituation, in einer Änderung ihres wissenschaftstheoretischen Paradigmas. Reduktionismus war wie der Determinismus und Präformismus ein kausalistisches Paradigma. Simulation ist nun ein hermeneutisches Paradigma der Experimental- und Laboratoriumswissenschaften. Die technische Simulation natürlicher Lebenswesen wird von Lebewesen natürlicher Art immer ununterscheidbarer. Daher bedarf es der Deklaration ihrer Herkunft. Möglicherweise sind Bioartefakte bald besser, gesünder oder funktionaler als natürliche Organismen. Das experimentelle Paradigma – ein technisches und nicht unbedingt wissenschaftliches Paradigma – vollendet sich in der Technoscience. Experimentelle Wissenschaft oder Technoscience übt Macht aus – über menschliches wie nichtmenschliches Leben. Und dafür brauchen wir Maßstäbe. Eine prinzipienfeste, gegen Dammbrüche gefeite Ethik scheint hier am geeignetsten, aber angesichts sich ständig ändernder Handlungsmöglichkeiten benötigen wir eine flexible Ethik wie die hermeneutische Ethik.

Drei Paradigmen haben sich für die Diskussion in der Bioethik herausgeschält:

(1) eine Ethik des konservativen Lebensschutz häufig im Rahmen einer Metaphysik und einer Seinsorientierung; der Schutz der vorhandenen Lebensformen und Organismen, eine gewisse Konservierung der bestehenden Natur mit Ansätzen einer Reparatur bzw. Wiederherstellung, also eine Ethik des Bewahrens (die Würde des Tieres oder des Menschen im Sinne eines konservativen Lebensschutzes);

(2) eine Ethik des pragmatischen Heilens und Verbesserns einschließlich innovativer Bioingenieure im Rahmen einer Handlungsorientierung und des Pragmatismus, in dem Nutzenerwägungen eine Rolle spielen. Es handelt sich um ein Paradigma des Verbesserns, des Konstruierens und Heilens; die Unterstützung des Entwicklungspotentials von Lebensformen und Organismen, in der die Kreativität und das Bioingenieurwesen eine zentrale Rolle spielt. Hier geht es um das Züchtungsparadigma, das Selektionsparadigma und die Optimierung und Perfektionierung, wie sie technischer Entwicklung und der Entwicklung von technischen Artefakten zu Grunde liegt (innovative Technologie; Freiheit der Forschung).

(3) eine Ethik des vollständigen Ersatzes des Natürlichen durch das Künstliche, Erschaffung einer Welt des Transhumanen, der synthetischen Lebewesen und Ökosystemen im Raumfahrer-Design. Es handelt sich allerdings um ein in sich widersprüchliches Ziel, denn Lebendes kann nur aus Lebendem entstehen, auch wenn die Grenzen zwischen Unbelebtem und Belebten offenbar unscharf sind.

Der Utilitarismus ist ein wesentliches Element im Rahmen einer Bioethik und stellt auch für eine angewandte Ethik ein wichtiges Grundprinzip dar. Insbesondere die Technik und der Technikansatz, aber auch ein gewisser Naturalismus können vom Prinzip der Utilität ausgehen, dem Nutzenprinzip im Sinne einer Dienlichkeit oder Geeignetheit für die Realisierung eines Zweckes. Etwas ist nützlich, wenn man mit ihm ein Ziel erreicht. In diesem Zusammenhang ist der Mittelcharakter der Technik, der Umwegcharakter technischer Mittel zu berücksichtigen. Der Utilitarismus ist dabei ein bisschen über das Ziel hinausgeschossen, denn er macht das Prinzip der Utilität, welches ein pragmatisches Prinzip ist, zu einem ethischen bzw. sittlichen Prinzip und wird damit zu einer Art Lehre zur Herstellung bzw. Produktion von Glück. Utilität aber ist nicht per se sittlich, sondern eine Sache gelingender technischer Praxis. Dies ist nun keineswegs unwichtig, insbesondere weil misslingende technische Praxis Schadenspotenziale enthält und einen gewissen Risikocharakter trägt, aber die Pragmatik ist nicht mit der Ethik zu verwechseln, auch wenn sich in einer anwendungsorientierten Ethik Pragmatik und Ethik gegenseitig durchdringen. Eine reine Prinzipienethik ohne Rücksicht auf Pragmatik führt in einer anwendungsorientierten Ethik nicht weit. Gelingende technische Praxis garantiert nicht gelingendes menschliches Leben. Aber Technik mündet unmittelbar in Ethik, und dies gilt auch für den Ansatzpunkt der Life-Sciences.

Viele sehen in Menschenrechten einen schützenden und vielversprechenden Rahmen für Bioethik. Menschenrechte schützen sowohl vernünftige Ansätze wie ernsthaften Respekt für individuelle Autonomie und einen entsprechenden Schutz vor denjenigen, die individuelle Autonomie benutzen, um Rechte anderer zu verletzen (O'Neill 2002, 74). Die Minimalinterpretation individueller Autonomie als Informed Consent ist zwar plausibel und erlaubt einen gewissen Schutz, ist aber nur eine unvollständige ethische Richtlinie. Ergänzt wird das Recht auf individuelle Autonomie durch die Forderung, nicht zu schaden. Die Verpflichtung, Täuschung zurückzuweisen, ist parallel dem Argument für eine Verpflichtung, Zwang zurückzuweisen. Die Vergleichbarkeit von genetischen und medizinischen Daten wird immer unplausibler. Eine ganze Reihe von Gentechnologien werden nun herangezogen zu völlig nichtmedizinischem Gebrauch (O'Neill 2002, 96–99). Dabei ist bei genetischen Testverfahren eine Interpretation erforderlich (O'Neill 2002, 110). DNA-Testresultate sind wie alle anderen signifikanten zusätzliche Evidenzen über Risiken nur gültig für eine kleine Anzahl schwerer monogener Erkrankungen hoher Penetranz, die sich in der Regel bis spätestens im frühen Erwachsenenalter manifestieren (O'Neill 2002, 113). Die Ethik der Autonomie richtet sich gegen eine paternalistische Kultur wohlmeinender Täuschung (O'Neill 2002, 119). Demokratische Legitimation steht in ständigem Konflikt mit anderen ethisch wichtigen Prinzipien und Zielen (O'Neill 2002, 170).

Das Paradigma therapeutisch-technischen medizinischen Handelns orientiert sich insbesondere an der Zukunftsfähigkeit eines menschlich-leiblichen Leben Könnens einer menschlich-leiblichen Person. Es erkennt die Werthaftigkeit anderer Lebensformen an, insofern sie Entwicklungspotentiale haben. Ethische Werte haben dabei eine subjektive und eine objektive Seite. Anerkannt wird:

(1) Der Wert des Lebens als Selbstorganisationsgeschichte mit Entwicklungspotential begründet im Gesamthaushalt Erde. Darin begründet sich die ethische Relevanz des Wertes des Lebendig Seins;
(2) Der Wert des empfindungsfähigen, schmerzempfindlichen Lebens meist von Tieren als Grundlage für ein gelingendes Leben;

(3) Der Wert menschlich-leiblichen und personalen Lebens und sein Entwicklungspotential für ein gelingendes Leben;
(4) Der Wert gelingender menschlicher Praxis in ihrer ethischen Relevanz, darunter Gestaltung und Therapie, insgesamt der ethische Wert des Nutzens moralischer Praxis.

Die Grenzen zwischen Therapie und therapeutischer Verbesserung sind fließend. Wenigstens theoretisch kann man unterscheiden in Therapie, Prävention und Enhancement (Verbesserung). Verbesserung, Vervollkommnung, Perfektionierung sind technische Ziele. Sie sind Ausdruck zunächst instrumenteller Utilität. Diese kann auf ihre sittliche Qualität hin befragt werden. Das Prinzip des sportlich Agonalen im Sinne des Höher, Schneller, Weiter ist nicht nur auf den Sport beschränkt, sondern weitgehend in unserer Gesellschaft realisiert. Hinzu kommt das Prinzip des technisch Bestmöglichen. Die Angst davor, die menschliche Natur technisch ganz verfügbar zu haben, beruht auf einem falschen biologisch-anthropologischen Modell. Kein biologischer Prozess lässt sich technisch verfügbar machen wie eine Maschine. Mutationen lassen sich weder bei synthetischen Mikroorganismen noch bei Designermenschen vermeiden. Daher verlangt die Bioingenieurkunst an Mikroorganismen heute und möglicherweise zukünftig an Menschen besondere Vorsicht und eigene Standards technischer Sicherheit. Diese genau zu bestimmen ist allerdings erst dann möglich, wenn wir ein akzeptables Verfahren zur Generierung von Designermenschen, also über ein entsprechendes sicheres Verfahren der Keimbahntherapie verfügen werden. Falls dies niemals der Fall sein sollte, ist natürlich auch die ethische Bewertung der Keimbahntherapie dann entsprechend auszurichten. Aber vorab, bevor genau die Methoden genannt werden können, die das Ziel erreichbar erscheinen lassen, ist eine solche Bewertung nur in groben Umrissen möglich.

Eine auf Grenzziehung (Dammbruchvorstellungen) fixierte Bioethik ist letztendlich Ausdruck einer fundamentalen Angst vor der Freiheit (Erich Fromm). Ob das Designen von Menschen ethisch verabscheuungswürdig ist, können wir also heute nicht beurteilen, denn es sind uns die technischen Wege unbekannt, die zu Designermenschen führen werden: Ob es zusätzliche Plasmide oder zusätzliche Chromosomen oder doch ein einmal möglicher gezielter Gentransfer sein werden, lässt sich heute nicht entscheiden. Vielleicht ist es tatsächlich einmal möglich, die genetische Grundlage bestimmter Intelligenzfaktoren so klar zu identifizieren, dass man an einen Gentransfer im Sinne der Keimbahntherapie denken kann. Dann kann eine ethische Bewertung der technischen Mittel erfolgen, heute nicht. Und wenn die Diskussion um Designermenschen nur Horrorszenarien zum Ziel hat, die das Verbot ganzer Forschungsbereiche begründen soll, so halte ich dies für unverantwortbar, wenn diese Verbote erfolgen, bevor man eine hinreichend genaue ethische Bewertung der Ziele wie Mittel vornehmen kann. Therapeutisch inspirierte medizinische Verbesserungen erscheinen mithin nicht immer und an sich als schlecht. Aber es müssen Verbesserungen sein, die ethisch zu qualifizieren sind. Dazu brauchen wird Kriterien und Paradigmen. Vielleicht ist das Modell der Qualität des Lebens und der Wert eines Lebens, gelebt zu werden, tragfähig. Dazu bedarf es aber genauerer Analysen als die, die insbesondere von Präferenzutilitaristen bisher zu diesem Thema vorgelegt wurden. Sie muss einer späteren Veröffentlichung vorbehalten werden. Die Begriffe Manipulation, Entfremdung, Ideologie, Instrumentalisierung usw. setzen eine naive Erkenntnistheorie im Sinne eines abbildenden Realismus voraus. Nur dann weiß man Bescheid, was richtig ist, und kann alles andere abqualifizieren. Aber die heutige Realität – weder in der Natur, noch in der Gesellschaft und schon gar nicht in der Technik – lässt sich nicht mehr einfach abbilden, sondern im günstigsten Falle in einigen Aspekten modellieren. Eine Bioethik auf dem Boden der Life-Sciences ist heute unausweichlich geworden.

1. Der biologisch-evolutionäre Rahmen für mögliche Bioethiken – das neue Bild des Lebendigen: Vom Gen zum Organismus

Als fundamentaler Interpretationsrahmen für eine Bioethik ist eine Hermeneutik des Lebendigen unerlässlich, in der Aspekte des technischen Zugangs zum Lebendigen genauso eine Rolle spielen wie natürliche Prozesse der Selbstorganisation. In der Bandbreite des Verhältnisses von Natur und Technik ist der Organismus bzw. das Lebewesen charakterisiert durch Genese (Wachstum, Morphogenese, Epigenese) und technische Artefakte durch Gemacht-Werden, Konstruiert-Werden, Entworfen-Werden. Biofakte entstehen durch die technische Rekonstruktion der Genese von Organismen durch Eingriff in den genetischen Code und in die Expression des genetischen Codes von Organismen. Insbesondere im Menschen und seiner Evolution vollzieht sich eine permanente Grenzüberschreitung des Natürlichen und Biologischen hin zum Künstlichen und Technischen. Die eigentliche ethische Problematik ergibt sich aus der Verwobenheit von Natürlichem und Technischem, von Biologischem und Instrumentellem. Bioethik ist damit keine Ethik der Natur und auch keine Ethik bestimmter Organismen, schon gar nicht Ethik von Ökosystemen, sondern Ethik einer menschlich-kulturellen Praxis, die sich im Übergangsfeld zwischen Natur und Technik, also im kulturellen Umfeld bewegt. Die Fragen, die dabei entstehen und einer Erklärung näher zugeführt werden sollen, sind Fragen kultureller Praxis, wobei diese kulturelle Praxis eingebettet ist in eine soziale Praxis.

Leben ist ein sehr verschiedenartiges Phänomen. Daher sollte man statt vom Begriff des Lebens von verschiedenen Konzepten des Lebens und des Lebendigen sprechen. Derartige Begriffe und Konzepte werden gebraucht, um Leben von nicht-lebender Materie abzugrenzen und einige entscheidende empirische Eigenschaften benennen zu können, die typisch für Lebensprozesse sind. Diese sind allgemein anerkannt als Spontaneität, Selbstregulation, Reproduktion, Reaktivität und Anpassungsfähigkeit (innerhalb gewisser Grenzen). Nachdem alle diese Eigentümlichkeiten bereits in der protoplasmatischen Aktivität vorhanden sind, wird Leben als protoplasmatische Aktivität definiert (vgl. Chadwick 1998, 277). Gentechnik ist die Wissenschaft von der Veränderung genetischen Materials, um neue genetische Veranlagungen in Organismen zu verankern. Die Menschheit hat die Qualität von Lebewesen seit Tausenden von Jahren verändert. Z. B. Zucht, Domestizierung und Training sind derartige Verfahren. Doch seit 1970 haben die Biologen eine neue Fähigkeit erlangt, indem sie sehr viel radikaler als früher und schneller die entsprechenden rekombinante DNA-Techniken einsetzen können. Die ethische Richtigkeit oder Falschheit genetischer Ingenieurkunst kann aus vier verschiedenen historischen Perspektiven überprüft werden. Vom Standpunkt des positiven Utilitarismus ist die zentrale Frage diejenige, ob ein Gut wie die Gentechnologie entsprechende positive Konsequenzen hervorbringen kann oder nicht. Vor allen Dingen wird befürchtet, dass die negativen Folgen den Wert der positiven Folgen weit überwiegen könnten. Für teleologische Ethiker ist entscheidend, ob die genetische Veränderung von Lebewesen als natürlich oder unnatürlich betrachtet werden muss. Deontologische Moralisten in ihrer Art und Weise beharren auf der Notwendigkeit von unveränderlichen Regeln und Grenzen in der Regulierung menschlicher Handlungen. Und negative Utilitaristen weisen auf die Notwendigkeit hin, dass das Menschengeschlecht geschützt werden müsse und von daher unnötiges Leid ausgemerzt werden müsse, wo immer es anzutreffen ist (vgl. Chadwick 1998, 147).

Im Fahrwasser der Gentechnologie gehen Life-Sciences, Gesundheitswesen, Biotechnologie und große Arzneimittelfirmen eine neue Symbiose ein. Umfangreiche Neuerungen wird es im Bereich nachwachsender Organe geben. Hier sind Organe von der Stange möglich, die Züchtung biologisch-synthetischer Ersatzteile, die Regeneration durch Wachstumsfaktoren, Tissue-Technologie im Sinne der Ersatzteilzüchtung, die Gewebezucht im Körper und die Etablierung von Knochen-Morphogenesefaktoren (Spektrum 4/99, 6). Versuche, die Intelligenz auf genetischem Wege zu steigern, führten oft zu drastischen Senkungen des IQ, selten zu leichten Besserungen. Die genetische Basis der Intelligenz ist unglaublich kompliziert. Die Steigerung der Intelligenz sollte nicht mit genetischen Mitteln versucht werden, sondern z. B. mit implantierten kybernetischen Geräten (Spektrum 4/99, 69). Im Hinblick auf das Altern ist festzustellen, dass der Muskelabbau unvermeidlich ist, so dass Muskelaufbaumittel und Gentherapie mit Wachstumsfaktoren erforderlich wären, um den Alterungsprozess hinauszuzögern. Daher wird an einer Kraftspritze für diesen Bereich gearbeitet. Der

Muskelaufbau allerdings ist hoch komplex. Die Erwartung auf Jungbrunnengene ist vermutlich nicht berechtigt (Spektrum 4/99, 81–85), aber eine deutlich höhere Lebenserwartung steht an. Liegt die natürliche Grenze des Menschen bei etwa 125 Jahren? Krankheiten, insbesondere der Zustand der Venen, setzen der Verlängerung des Lebens entsprechende Grenzen. Telomere scheinen eine Rolle zu spielen, die Erfolge allerdings im Hinauszögern des Alterungsprozesses sind bei kalorienreduzierter Kost am größten (Spektrum 4/99, 90).

Die Erklärung des Lebens hat deutlich gemacht, dass es inzwischen eine neue Ebene der Untersuchung gibt. Der zentrale Ansatzpunkt ist nicht mehr die DNA, sondern die Ebene der Proteine. Überhaupt werden die molekularbiologischen Aspekte, auf denen Lebensphänomene beruhen, im postgenomischen Zeitalter als höchst komplexer Vorgang rekonstruiert. Die zentralen Dogmen der Biologie gehen davon aus, dass die Information normalerweise von der DNA über die RNA zum Protein fließen. In der Zwischenzeit hat man herausgefunden, dass die RNA, die nicht Proteine codiert, wichtige genetische und epigenetische Steuerungsfunktionen übernimmt (Mattick 2003, 930). Solche Überlegungen bieten völlig neue Perspektiven im Hinblick auf die Interpretation der sich selbst programmierenden genetischen Information und ihrer Kommunikation in komplexen Organismen (Storz 2002, 1260; Yelin u. a. 2003). Das Proteom repräsentiert die Proteinmuster eines Organismus usw.. Darüber hinaus reflektiert das Proteom einen bestimmten metabolischen Status der korrespondierenden Zellen (oder Organismen), der bestimmt wird durch eine Vielzahl von Interaktionen zwischen verschiedenen Molekülen, die offenkundig noch immer sehr schwierig zu analysieren sind und die bestimmt sind durch unzählige Umweltparameter. Anders als das Genom ist das Proteom ein höchst dynamisches System, das durch Wechsel in den jeweiligen Umweltbedingungen charakterisiert ist (Dunn 2000, 3f).

Die Individualentwicklung von Organismen war lange ein rätselhafter Prozess. Er war einer der letzten Bastionen der Teleologie, der Konzeption einer zielgeleiteten Entwicklung von Lebewesen. Sich-Entwickeln und Leben ist nicht dasselbe. Folgende Typen von Entwicklungsprozessen lassen sich unterscheiden: (1) Morphogenese im Sinne der Gestaltbildung, (2) Differenzierung und (3) Wachstum. Der Präformismus spricht von Entwicklung im Sinne einer „Ent-faltung“ der bereits im Samen angelegten menschlichen

Gestalt. In der Epigenese gibt es eine Emergenz wirklich neuer Merkmale in einem unstrukturierten, formlosen oder auch homogenen Keim (Mahner/Bunge 2000). Die Epigenesetheorie wurde inspiriert von der Hydra, einem Süßwasserpolypen, dem Teile des Körpers nachwachsen. Mit dieser Eigenschaft stellte die Hydra ein nahezu unlösbares Problem für die Präformisten dar. Casper Friedrich Wolff und Blumenbach sprechen Im Sinne der Epigenesis-Konzeption von einem Bildungstrieb eines Organismus (Irrgang 1983; Irrgang 2005b; Irrgang 2008a).

Kant spricht von einer Technik der Natur, die man an ihren Produkten ablesen kann. Er nennt sie „Naturzwecke", zweckmäßige Gestalten in der Natur. Kant parallelisiert das Wachsen des Organismus als Naturprodukt der technischen Konstruktion eines technischen Artefaktes. Kant möchte „die bildenden Ursachen eines Organs", den „Bildungstrieb" näher erforschen und näher analysieren. Ein Organismus ist charakterisiert durch seine Organisation und seinen Aufbau. Dies gilt auch für synthetische Organismen, für Mikroorganismen und Bakterien, die zunächst einmal charakterisiert sind als Grundbaustein durch ein Minimalgenom. Kant spricht in der Kritik der Urteilskraft in § 64 vom Lebewesen als einem organisierten Produkt der Natur. Lebewesen sind etwas Besonderes und mechanisch nicht vollständig zu erklären. Ein Organismus wird konstituiert durch die Einheit der Teile aufgrund wechselseitiger Beeinflussung. Organismen haben nach Kant einen besonderen Status unter den empirischen Objekten. Sie haben vor allem eine zweckmäßige Organisation, die bei Kant Naturzweck heißt.

1953 ist mit dem Modell der Doppelhelix von Watson und Crick der Präformismus wieder in Mode gekommen. Es geht um eine Art von genetischem Informations-Neopräformismus. Das genetische Programm und der genetische Code werden präformistisch verstanden. In diesem Zusammenhang werden ein reduktionistischer und ein genetisch-deterministischer Ansatz vertreten. Die Embryonalentwicklung, die zwar genetisch gesteuert wird, „orientiert" sich gemäß dem epigenetischen Modell aufgrund von Rückkoppelungsprozessen an einer Art Ziel, einer organismischen Gestalt des Lebendigen, die im Entwicklungsprozess von Säugetieren oft verfehlt wird (beim Menschen erreichen fast 70 % der befruchteten Eizellen die Einnistung nicht). Für die Embryonalentwicklung ist nicht die Potentialität einer Genausstattung konstitutiv, sondern das Erreichen einer bestimmten Gestalt eines Lebewesens (Irrgang 2003b). Entwicklung eines Lebewesens als rückgekoppelter Prozess der Strukturierung, der Selbstorganisierungsprozessen ähnelt, der vom genetischen Code zum Organismus führt, ist selbst nicht linear. Er ist zwar durch den genetischen Code vorstrukturiert, wird aber auch durch den Organismus oder die Umwelt ausgerichtet und gestaltet, in der sich das Wachstum oder die Embryonalentwicklung vollzieht. In der frühen Embryonalentwicklung bei Säugetieren liegt beispielsweise nicht nur Wachstum oder Ausdifferenzierung von Zellen vor, wie etwa nach der Geburt, sondern echter Gestaltwandel. Durch die Einführung von Ebenen wird auch der Reduktionismusgedanke differenziert, denn eine direkte Rückführung von Merkmalskomplexen auf bestimmte Genkomplexe ist so nicht möglich. So ist der Organismus als sich entwickelnde, jeweils momentan realisierte Struktur im Horizont des genetischen Codes als Steuerungsprogramm und Umwelt als gestaltendem Realisierungsfaktor im Sinne der Neoepigenesiskonzeption zu verstehen.

Biologie ist die Wissenschaft vom Lebendigen und seiner Strukturierung bzw. Organisation auf unterschiedlichen Ebenen, die sich wie folgt methodenbezogen unterscheiden lassen:

(1) der genetische Code oder die Genomik
(2) die Ebene der Eiweiße oder der Proteomik
(3) die des Stoffwechsels (Metabolomik), der Zellen und Zellverbände (Zytologie)
(4) Konstitution der Organe und ihre Organisation und Gestalt des Organismus;
(5) Gehirne, Kognition sowie Sich Verhalten Können, und
(6) – wenigstens indirekt – die Ebene der Umwelt bzw. der Ökosysteme.

Die Strukturierung bezieht sich dabei auf unterschiedliche Arten des Erklärens und des Verstehens der Beziehungen untereinander bzw. des Auseinander-Hervorgehens. Eine bloß lineare Art des kausalen Erklärens führt bei derart komplexen Prozessen des Sich Entwickelns und Wachsens nicht zu adäquatem Verstehen (Irrgang 2003b). Jedenfalls gilt das klassische, neuzeitlich kausale Erklärungsmuster nur noch eingeschränkt, dass sich Makro- oder Oberflächenstruktur durch die vollständige Kenntnis der Mikrostrukturen erklären lassen.

Die Ebenen sind "Stufen" des Entwicklungsprozesses eines Organismus, der sich aufgrund eines genetischen Programms epigenetisch (d.h. unter

Einfluss von Rückkoppelungsprozessen mit seiner Umwelt) durch Proteine, Zellen, Zellverbände und Organe zu einem Organismus mit einer bestimmten Gestalt im Gelingensfalle entwickelt. Es werden jeweils Zwischenzustände erreicht, die weiter transformiert werden. Entwicklungsbiologisch konstituiert sich ein Organismus (höherer Art) erst in einem Entwicklungsprozess. Er ist ein vollständiger Organismus nicht von Anfang an. Der Gegenstand der Biotechnologie ist ein organismischer Entwicklungsprozess aufgrund eines genetischen Programms. Sie können im Extremfall sogar mehrere Arten von Organismen umfassen: (Puppe, Larve, Schmetterling). Der jeweilige individuelle Prozess ist quasiteleologisch strukturiert, wenn auch aufgrund von Rückkoppelungsprozessen nicht linear determiniert. Am Anfang steht nicht der Organismus, sondern ein strukturierendes genetisches Programm, das einen quasi-teleologischen Entwicklungsprozess (auf eine bestimmte körperliche Gestalt hin) generiert, der allerdings sehr häufig aufgrund von Komplexität nicht gelingt oder in Nuancen abweicht.

Die Definition des Lebens stellt uns vor die Aufgabe, eine Vielzahl von Bedeutungsebenen mit unterschiedlichen Definitionsmöglichkeiten aufeinander zu beziehen und Gegenstandsbereiche im Bereich des Lebens selbst festzulegen. Die molekulare Definition des Lebens rekurriert auf die molekulare Konstitution einer Struktur, die wir als Leben bezeichnen. Das Leben könnte in diesem Sinn ebenfalls molekulargenetisch definiert werden als autopoietisches System. Der Unterschied zwischen einer Maschine und einem Organismus besteht darin, dass die Blaupause in der geeigneten Umgebung selbst zu einem Organismus wird. Der Ausdruck Organismus, über französisch „Organisme“ seit dem 18. Jahrhundert überall gebräuchlich, weist insbesondere auf Aristoteles zurück. Für diesen ist die Seele Ursache des lebendigen Körpers, sowohl seiner Bewegung als auch des Willens als Ursache dieser Bewegung und der vollendeten Form. Daher werden alle tierischen und pflanzlichen Körper als Organe, als Werkzeuge der Seele gedacht. Nach Thomas von Aquin ist die Seele Form des Organismus und Motor seiner Tätigkeiten, zugleich sein Werkmeister. Nach Paracelsus und van Helmont ist die Lebenskraft des Organismus das Zentrale für das Zustandekommen des Lebens. Descartes Metaphysik wird zum Ausgangspunkt für die Auffassung des lebendigen Körpers als Mechanismus.

Die Enzyklopädisten und Materialisten des 18. Jahrhunderts führen alle Bewegung auf die Reizbarkeit der Muskelfasern zurück. G. E. Stahl zieht aus der Trennung von Denken und Körper eine andere Folgerung, nämlich eine psychovitalistische. Die Lebenskraft wird einem Organismus zugrunde gelegt, so dass der Körper der Seele als bloßes Werkzeug dient. Stahl ist der erste Autor, der konsequent den Ausdruck Organismus anstelle der älteren Ausdrücke „Corpus organicum", organisierter Körper oder ähnliches verwendet. Er führt ihn ausdrücklich als Gegensatz zum Mechanismus ein. C. F. Wolff stellt sich mit seiner Theorie der Generation (1759) gegen die Präformationslehre und die Maschinenanalogie. Durch eine besondere Kraft werden die Organe aus einer strukturlosen Masse geformt, indem sie durch Zufuhr von Nahrung Zellen bilden, deren Wände erhärten. C. F. Wolff formulierte mit seiner Epigenesis-Konzeption eine erste antimechanistische, präromantische Theorie eines Organismus. Die später gezogenen vitalistischen Schlussfolgerungen führten zu einer Entgegensetzung von Organismus und Mechanismus. J. E. Blumenbach ordnet den Charakteristika des Organischen, Kontraktabilität, Irritabilität (Selbstreizbarkeit) und Sensibilität, einen Bildungstrieb als Bedingung für die Fortpflanzung, Knospung und Restitution zu. Für Kant darf Zweckmäßigkeit eines Organismus bzw. einer Organisation der Natur nicht mit Zwecktätigkeit verwechselt werden. Wir haben in der teleologischen Naturbetrachtung ausschließlich ein Prinzip der Beurteilung zur Verfügung.

Im 19. Jahrhundert setzt sich nach J. Moleschott die Überzeugung durch, dass der Organismus eine Maschine sei, welche nach durchsichtigen chemischen und mechanischen Gesetzen arbeitet. Die Forschungen über Erblichkeit und Variabilität führten zu dem Begriff der Eigenschaft. Den ersten Vorstoß in dieser Richtung wagte Darwins Pangenesis-Theorie. Seine Auflösung des Organismus in Eigenschaften nahm A. Weismann in der Unterscheidung von angeborenen und erworbenen Eigenschaften auf. Gegenwärtig dürfte die Erklärung des Organismus als Vorgang und Ergebnis eines spezifischen Prozessgleichgewichtes weitgehend Anerkennung gefunden haben. Sie wird vor allem von L. von Bertalanffy vertreten. In der Zelle und im vielzelligen Organismus finden wir eine bestimmte Zusammensetzung, ein konstantes Verhältnis zwischen den Komponenten, das auf den ersten Blick der Verteilung der Komponenten in einem chemischen Gleichgewichtssystem ähnlich ist und das in weitem Umfang erhalten wird. Beim Organismus handelt es sich so nicht um ein geschlossenes, sondern ein offenes System.

Die Wissenschaft vom Lebendigen im 20. Jahrhundert ist immer mehr eine Physik des Lebendigen geworden. Der Organismus, die organische Einheit des Lebendigen wird im Rahmen einer materialistischen Erklärung der Lebensprozesse angegangen. Diese gibt den Rahmen an für die theoretische Erklärung der experimentellen Befunde. Wichtig war dabei der Gedanke der Keimfähigkeit und der Organisation des Lebendigen. Dabei wurde in zunehmendem Maße das Paradigma der Selbstorganisation herangezogen. Vor dem Hintergrund der Forschung dieses Jahrhunderts stellt sich immer mehr die Frage, ob die Gene als die primären Akteure des Lebens zu begreifen sind. Die Keimzelle und die Vererbbarkeit gehören zusammen und beinhalten die Frage nach den eigentlichen Akteuren. Der Theorieimport aus anderen Wissenschaften verband sich mit dem Gestus absoluter Voraussetzungslosigkeit und Klarheit. Trotzdem knüpft dieses Theorie an gewisse organismische Vorstellungen an. Im Zusammenhang mit dem Organismus gibt es dabei den Streit zwischen Mechanismus und Teleologie. Die autopoietische Organisation versucht, diesen Streit zu umgehen. Die Zelle als elementarer Typ eines lebenden Systems bezeichnet Maturana als autopoietische Maschine. Maturana grenzt sich dabei von älteren Konzeptionen der Selbstorganisation ab. Andererseits stellt sich die Frage: Wie lässt sich das Konzept von Maturana des Beobachters mit dem Modell der mechanischen Maschine vereinbaren. Außerdem muss erklärt werden, wie es zur Erkenntnis der Welt da draußen kommen kann.

Der Gedanke der Zweckmäßigkeit, wie bei Aristoteles formuliert worden war, wurde neuzeitlich durch den des Mechanismus ersetzt. Jakob von Uexküll und Viktor von Weizsäcker haben die Organismuskonzeption weiter vorangetrieben. Bei von Uexküll ist der Organismus der Konstrukteur seiner Umwelt. Der Organismus ist bezogen auf die Gegebenheiten der Umwelt. Dabei ist eine gewisse Eigenbewegung in Abhängigkeit vom Raum möglich. Kants Organismuskonzeption in der Kritik der Urteilskraft und im Opus Postumum ist ebenfalls von entscheidender Bedeutung. Kant setzt sich mit der Biologie seiner Zeit auseinander. Den Organismus bestimmt Kant als Naturzweck. Dies ist eine moderne antimechanistische Definition des Organismus. Ausgangspunkt bei der dieser Definition ist die Reizbarkeit. Die lebenden Kräfte müssen von den mechanischen Kräften unterschieden werden. Die Lebenskraft lässt sich nicht theoretisch begründen, sondern nur beschreiben, indem insbesondere Wollensphänomene herangezogen werden. Leben kann als eine Form der Bewegung erfasst und beschrieben werden. Die Beschreibung von Leben geht aus von den Grunderfahrungen als begehrendes und handelndes Wesen. Den Weg zum Leib a priori hatte sich Kant aber selbst versperrt.

Zunächst ging die Genetik von einem methodischen Atomismus aus und unterschied eine Funktionseinheit und eine Struktureinheit Gen. Beides zu identifizieren, führt zu einem schlichten Naturalismus. Dann werden die Arten zu natürlichen Einheiten. Mayr versucht eine Synthese von Systematik und Genetik. Dazu müssen Kriterien für die Stabilität eines Merkmals angegeben werden. Die Genetik dient als Grundlage des Artbegriffs. Allerdings unterliegt die Deutung des Funktionswechsels eines Organs im Rahmen eines Organismus als Präadaption einer Zirkelargumentation (vgl. Gutmann 1996, 141). Dem gegenüber behauptet die Marburger Schule, dass der Gegenstand der Evolution aus der Morphologie abgeleitet werden kann und Evolution nicht an der Genstruktur eines Individuums ansetzt, sondern am Organismus selbst. Der Organismus wird als Maschine begriffen und dessen Funktionsplan analysiert. Die Morphologie wurde damit zu einer physikalistischen Disziplin, wobei Formen als Funktionskomplexe beschrieben werden. Evolution wirkt sich auf die Verbesserung oder Verschlechterung des Funktionsplanes aus.

Der Organismusbegriff ist in der Kognitionsforschung wieder zentral geworden, allerdings ausschließlich in einer methodisch unbefriedigenden systemtheoretischen Form (vgl. Janich/Weingarten 1999, 113–115). Ein besonderes Problem stellt dabei der Begriff der Selbstorganisation des Organismus dar. Im Hinblick auf den Begriff des Organismus als Leben ergibt sich dabei ein ähnliches Problem wie bei der Bestimmung des Handelnden. Der Organismus kann zum einen als Gegenstand (als Objekt) begriffen werden, zum anderen aber ist ein Organismus Leben als Vollzug. Dies aber ist insofern kein großes Problem, weil der Wechsel von der Teilnehmerperspektive, in der wir uns der Vollzüge unseres Lebens versichern, zur Beobachterperspektive, in der wir über unseren Leib als einen Körper sprechen, nicht ausgeschlossen ist. Die Konstruktion von Organismen wird als Folge der durch Selektion fixierten positiven Anpassungen verstanden. Anpassung wird dabei als Verbesserung im Hinblick auf die Existenzbedingungen gedeutet. Die von Darwin postulierte kontinuierliche Transformation von Arten zu wirklich neuen, bisher noch nicht da gewesenen Konstruktionen von Lebewesen kann mit Hilfe empirisch-analytischer Verfahrensweisen nicht bewiesen werden. Ein Artwandel durch Zucht hat noch nicht stattgefunden. Hier liegen die Grenzen von Darwins Modell (vgl. Weingarten 1993, 42–45). Ein Naturvorgang, die Evolution, soll durch einen anderen Naturvorgang, die unbewusste Zuchtwahl rekonstruiert werden. Der gängige Materialismus des 19. Jahrhunderts verstellte den modelltheoretischen Zugang zum Selektionsproblem, den Darwin mit seiner Züchtungsanalogie eigentlich selbst hatte. Das Vorbild für den Organismus kann man in der Uhr sehen, in der philosophischen Vorstellung eines Automatismus des Ablaufs. Ein einmal geschaffener Organismus beharrt in seinem Zustand.

In einem mechanistischen Materialismus wird die Veränderung der Organismen von außen bewirkt. Demgegenüber setzte sich der Gedanke einer Selbstorganisation nur sehr langsam durch. Die mit dem „selbst" thematisierte reflexive Struktur aller Leistungen eines Organismus sind experimentell nicht genau abzusichern. Nur eine funktionelle Definition des Lebens im Sinne der Selbstorganisation ist bislang möglich. Die Selbstorganisationsthesen konnten ihren vitalistischen Hintergrund nicht verleugnen. Den Vitalisten geht es um eine gleichberechtigte Nebenordnung von Ganzen und Teilen, sie entwickelten das Modell der Ganzheitskausalität. Dabei wurden die richtigen Momente des Vitalismus in der Systemtheorie L. von Bertalanffys aufgehoben und in von Uexkülls Funktionskreis weiterentwickelt. Es geht um die Wirkmöglichkeit, die einem Organismus aufgrund seiner Bauart zur Verfügung stehen. Von Uexküll gerät in Konflikt mit Darwins Evolutionstheorie, insbesondere mit dem Gedanken der Selektion durch die Umwelt, mit der Kontinuitätsthese und der Umbildung im Sinne des Umwelt-Anpassungs-Theorems (vgl. Weingarten 1993, 90–95). Der Organismusbegriff ist in dieser Konzeption in der Biologie so zentral wie der Energiebegriff in der Physik. Die ontogenetische Formbildung aufgrund physiko-chemischer Prozesse impliziert die Fähigkeit zu interner Regulation. Bei Darwin ist der Zufall Verzicht auf die Einsicht in die Gesetze der Entwicklung der organismischen Zweckmäßigkeit. Er denkt Anpassung im Sinne der Akkumulation (vgl. Weingarten 1993, 99–102). Der Anpassungsprozess selber aber kann nicht beobachtet werden. Er wird rekonstruiert als phylogenetischer Formbildungsprozess. In der synthetischen Theorie war Anpassung an eine Nische der zentrale methodische Ansatzpunkt. Die Anpassung an eine Nische wird als die den Entwicklungsablauf konstituierende und determinierende Wirkursache bezeichnet. Anpassung ist immer in gewisser Weise eine Abbildung. Das Organismuskonzept betrachtet Leben nicht als Anpassungsprozess, sondern als eine fortgesetzte zielstrebige Umbildung seiner selbst.

Die Sonnenstrahlung wird vom Auge als Licht, von der Haut als Wärme erfahren. Licht kann damit nicht als Ursache für die Genese des Auges interpretiert werden. Der Organismusbegriff ist damit die zentrale Gegenstandsbestimmung der Biologie. Es ist die Konstruktion eines Organismus, die das Eindringen in neue Habitate ermöglicht (vgl. Weingarten 1993, 280). Art-Entstehung kann experimentell bzw. empirisch analytisch nicht festgestellt werden, sondern bedarf eines Interpretationsschemas. Das Züchtungsparadigma ersetzt den Mangel des experimentellen Zugriffs auf Selektion, kann aber seinerseits Artentstehung nicht rekonstruieren. Daher erscheint der Ansatz beim individuellen Organismus (Phänotyp) im Kontext seiner Population (Ansammlung von Organismen) konsequent. Allerdings kann ein Organismus biologisch evolutionär niemals aus sich selbst heraus auch in seinem Organisationsprinzip verstanden werden, da ein individueller Organismus Produkt unterschiedlicher genetischer Veranlagungen ist, die er von seinen Eltern im Rahmen einer Population übermittelt bekommen hat. Eine organismuszentrierte evolutionäre Erkenntnistheorie betrachtet daher die Organisationsform eines Organismus als Konsequenz des Zusammenspiels von molekulargenetisch beschreibbaren Merkmalsanlagen und ihrer Ausprägung in organismischen Strukturen im Sinne eines Selbstorganisationsprozesses, in dem genetische Anlagen und das Umfeld der Entwicklung eines Organismus wechselweise zusammenwirken, um eine bestimmte organismische Konstruktion hervorzubringen. Allerdings darf das konstruktivistische und konstruktionistische Vokabular nicht darüber hinwegtäuschen, dass es hier nicht um bewusst geplante ingenieurmäßige Konstruktionen geht, sondern dass diese Sprache der ingenieurmäßigen Konstruktion ein Modell darstellt, genauso wie das Modell des züchterischen Handelns als Umgangswissen und Regularitäten in der Natur.

Wenn man die Teleologie von Lebewesen mit der von Maschinen vergleicht, so bestehen beachtliche Unterschiede:

(1) Lebewesen haben das Ziel der Selbst- und Arterhaltung, der Reduplikation; davon kann bei Maschinen keine Rede sein.

(2) Die Finalität bei Lebewesen ist intrinsisch, in gewisser Weise autonom und gegebenenfalls evolutionär bestimmt. Bei Maschinen ist sie von außen, extern, durch menschliche Intentionalität eingeplant und eingebaut.
(3) Die menschliche Teleologie ist intentional-autonom, die Maschinenteleologie korrespondiert unserer Intention, mit der wir die Maschine bauen (Innenperspektive) und deuten (Außenperspektive).

Technik ist gekennzeichnet durch einen planvollen Eingriff in einen erwünschten Sachverhalt, wodurch eine Zielvorstellung im Materiellen realisiert werden soll. Von einer solchen Art kann im Bereich des Organischen bzw. Lebendigen nicht die Rede sein. Der Vergleich Organismus/Maschine weist darauf hin: Selbstorganisation ist Kriterium des Organismusbegriffs, wobei eine Selbstregulierung oder Selbstorganisation der Genexpression gemäß hochkomplexen Rückkoppelungen und Rückvernetzungen charakteristisch ist. Die Maschinenkonstruktion geschieht gemäß einem Bauplan bzw. Konstruktionsplan, gemäß dem Modell von Entwurf bzw. Versuch und Korrektur mit geringeren Komplexitätsgraden als dies in der Natur vorliegt.

Die Formenvielfalt der lebenden und fossilen Tiere ist erstaunlich. Der Körper der Tiere setzt sich aus Bauelementen zusammen. Dies zeigt die Morphologie der Tiere, die von einem Aufbau von einzelnen Modulen ausgeht. So wird eine Körperstruktur realisiert. Es ist ein Muster aus sich ergebenden Untereinheiten. Aus einer einzigen Zelle große Komplexe Tiere zu schaffen zeigt, wie kompliziert die Embryonalentwicklung ist. Evolution, das ist Variabiliät hinsichtlich der Anzahl und des Typs. Die Wirbeltiere sind hier ein gutes Beispiel. Es geht um die Anzahl und die Art der Körperteile, um die Körperachse, um die Gliedmaßen, die Homologie, wobei eine serielle Homologie und Willistons Gesetz zu unterscheiden sind, Arme, Flossen und Flügel, wobei der Aufbau aus Modulen und eine serielle Homologie festzustellen ist. Auch die Zähne sind als serielle homologe Elemente aufzufassen. Der Hummer z. B. ein gutes Beispiel für Symmetrie und Polarität. Der Körperbau der Tiere unterliegt einer Evolution der Form (Caroll 2008).

Wichtig für das Verständnis von Embryologie sind Monster, Mutanten und sogenannte Mastergene. Die Faszination die von Monstern ausgeht beschäftigt uns nicht erst seit heute. Die Zyklopen als Einäugige waren solche Monster. Es gibt vielversprechende Ungeheuer, Missgeburten z. B.

Vielfingrigkeit. Die Entschlüsselung der in den Genen enthaltenden Informationen führte zunächst zu einem Verständnis der Enzymproduktion. Der nächste Schritt ist die Zelldifferenzierung bei komplexen Organismen, der Aufbau von Körperregionen und Körperteilen. Wie Gliedmaßen entstanden sind und sich entwickelt haben ist dabei äußerst interessant. Das schließlich alle Arten von Augen mit Hilfe von PAX-6 Genen entstanden sind. Die HOX-Gene sind für die Bildung von Augen und Gliedern entscheidend und werden daher Entwicklungsgene genannt. Wichtig ist auch z. B. der Einfluss von Alkohol auf die Embryogenese (Caroll 2008). Er zeigt vor allem, dass Umweltfaktoren einen Einfluss auf die Embryogenese haben können.

Wir müssen Karten herstellen, um den Prozess vom Gen zum Organismus verstehen zu können. Die Keimblätter sind die ersten Karten die die Natur selbst von einem Organismus herstellt. Es kommt zu Ausbildung einzelner Bereiche in den Keimblättern und bei Wirbeltieren zur Ausbildung des Neuralrohrs. Daran anschließend findet die Gastrulation, die Anlagen und Baupläne für den Organismus enthält. Die menschliche Embryonalentwicklung ist gut geschützt. Die Anlagepläne können zu Kartierungsexperimenten führe. Es gibt Atlanten von vielen Tierembryonen die Teilbereiche der Entwicklung nachzeichnen. Genauso gibt es eine Geografie der Embryos. Die Formgestaltung basiert auf Entwicklungsgenen, die Banden, Streifen, Linien, Flecke, Punkte und Kurven zeichnen. Daraus ergeben sich Muster. Verwendet werden dazu Gene aus dem Werkzeugkasten bei der Organisation. Dies führt zu einer Unterteilung, Festlegung und Ausprägung embryonaler Strukturen. Diese basieren auf der Aktivierung der Entwicklungsgene. Dabei wird ein Koordinatensystem erstellt, die Pole definiert, eine genaue Unterteilung parallel zu den Hauptachsen vorgenommen und eine Gliederstruktur mit Modulcharakter erstellt. Die Achsen werden festgelegt und es kommt zu einer detaillierteren Ausarbeitung der Module. Längs- und Breitengrade werden definiert (Caroll 2008).

Die Entwicklungsgene markieren die Lage künftiger Organe und Extremitäten. Dabei dient ein Raster als Koordinatensystem. Die Ausdifferenzierung der sich regelmäßig wiederholenden Module führt zur Bildung von Segmenten. Entwicklungsgene und Entwicklungsproteine wirken zusammen. Alle Wirbeltierembryonen müssen ein Entwicklungsstadium durchlaufen, in dem sie sich sehr ähneln, dann wenn sich die Ost-West-Achse und die Nord-Süd-Achse (das Neuralrohr) ausgebildet haben und die verschiedenen Gewebeschichten gut definiert sind. Dies ist das Grundmuster des Wirbeltierbauplans. Sie basiert auf der Bildung der Achsen und der Gewebeschichten. Es gibt auch eine Unterteilung des Gehirns, wobei drei Hauptregionen unterschieden werden können. Die Somiten sind die Bauelemente der Wirbeltierkörper. Aus ihnen gehen die molekularen Einheiten der Wirbelsäule damit verbunden Rippen und Hautmuskelgruppen hervor. Die Expression von HOX-Genen bilden Knospen, die zu Organen werden. Es sind Entwicklungsgene, die von Mustern aktiviert werden. Insofern lässt sich die Schönheit der Gliedmaßen erklären, die Anordnung z.B. durch Bauanleitung gleicher Abstände zu erzeugen. So entstehen regelmäßige Expressionsmuster. Vom einfachen aber geht es zum Komplexen. Dabei muss das Unsichtbare gesehen werden, nämlich die Expressionsmuster. Dass die Entwicklungsgene, sowohl gleichzeitig, wie nacheinander aktiv sind, ist entscheidend. Woher aber kennen Entwicklungsgene ihre Reihenfolge (vgl. Caroll 2008, 96–112).

Die sogenannte dunkle Seite der DNA steuert die Entwicklungsgene und enthält die Anleitung für die Bildung und Ausgestaltung von Körperteilen. Als genetische Schalter sind diese in die dunkle DNA eingebettet, wobei die Schalter die Hot Spots der Evolution sind. Die dunkle Materie enthält größtenteils gar keine Instruktionen. Aber sie enthält die Schalter für die Navigation. Es sind Signatursequenzen und die dazugehörige Kombinatorik. Eine Abweichung und leichte Unschärfen sind möglich. Ansonsten aber ist der Informationsfluss exakt. Die Streifenbildung von Fischen z.B. ist durch solche Gene gesteuert. Es gibt eine Unmenge von Schaltern, z.B. die Expressionsmuster der sogenannten HOX-Gene. Die Verdrahtung des Embryos geschieht mittels Schaltern, Schaltkreisen und Netzwerken (vgl. Caroll 2008, 115–133). Tiergruppen lassen sich zu evolutionären Stammbäumen zusammenfassen. Kimberella ist mit 555 Millionen Jahren das älteste bekannte Fossil. Die kambrische Evolution hat sehr viele Arthropoden in kurzer Zeit hervorgebracht. Es kommt zu einer Explosion der Formenvielfalt. Es müssen damit neue Gene für neue Tiere geschaffen sein. Hox-Gene sind zusätzlich bei der Entstehung von Wirbeltieren quasi miterfunden worden (vgl. Caroll 2008, 140–151).

Es folgt eine Spezialisierung in der Evolution der Gliedmaßen. Die Bedeutung seriell repetitiver Elemente im Tierkörper ist hervorzuheben. Das zweiästrige Spaltbein ist als einfacher Anfang zur Ausdifferenzierung zu sehen.

Das Fliegen-lernen geschieht in vielen kleinen Schritten vom Kiemen zu einem Flügelpaar. Im Übergangsstadium zwischen beiden wird mit mehreren Sätzen von Gliedmaßen gearbeitet. Dabei werden Entwicklungspotenziale von Segmenten ausgebaut. Es kommt zu einer Veränderung in der Geografie der Gliedmaßen durch eine Veränderung der Hox-Gene. Die evolutionäre Entwicklung unterschiedlicher Hinterflügelformationen bei Eintagsfliegen und Libellen hängt damit zusammen, dass sich während der Embryogenese speziell die Geografie dieses Körperteils verändert. Der Hinterflügel kann separat modifiziert werden, weil die Entwicklung in der Embryogenese von Ultrabithorax, einem speziellen Hox-Protein gesteuert wird. Das Protein Ultrabithorax greift in jeder Tiergruppe auf jeweils unverwechselbare Art und Weise in den regulatorischen Schaltkreis für die Hinterflügel von Käfern, Schmetterlingen, Fliegen und anderen Insekten ein. Das geschieht, indem sich Ultrabithorax an Schalter bindet, die zu den für die Flügelmuster zuständigen Genen gehört und so deren Aktivitäten reguliert. Als im Verlauf der Evolution verschiedene Typen von Insekten entstanden sind, müssten daher in den Schaltern einiger Gene Signatursequenzen von Ultrabithorax entstanden sein. Von Insekt zu Insekt sind jeweils andere Genkombinationen betroffen. So kommt es zu einer speziellen Geografie für Gliedmaßen (Caroll 2008, 163–177).

2. Ökologisch relativierte Anthropozentrik: Tier-Mensch-Unterschiede und der Ansatz einer Bioethik

“Sprache, Vernunft, Bewusstsein, Selbsterkenntnis sowie der Gebrauch von Werkzeugen galten lange Zeit als Eigenschaften ausschließlich des Menschen. Doch nicht nur der Mensch erbringt solche anspruchsvollen kognitiven Leistungen. Zahlreiche Tierarten weisen ebenfalls zumindest rudimentäre Vorformen dieser Qualität, die der Mensch als angeblich einziges Wesen hat. Der Mensch hat hinsichtlich Intelligenz und Geist seine Alleinstellung verloren, ein neues Bild des Menschen verweist dabei auf die graduellen Unterschiede zur Tierwelt. [...] Schon im 16. Jahrhundert sprach sich Michel de Montaigne (1533–1592) für die Anerkennung des Menschen als Naturwesen aus, welches sich nur graduell von ihr unterscheide“ (Newen 2011, 70). “Was das Bild des Menschen und seine bezweifelbare Sonderstellung in der Natur angeht, wird die Diskussion zwischen Philosophen, Verhaltensforschern und Neurowissenschaften natürlich weitergehen. Doch die Fragen lassen sich präziser stellen als zuvor. Ist der menschliche Geist völlig in das Naturgeschehen integriert? Gibt es überhaupt Raum für einen freien Willen? Es scheint, als müssten wir uns der Herausforderung stellen, alle besonderen kognitiven Eigenschaften des Menschen als Teil und Produkt des Naturgeschehens zu verstehen. Das bedeutet keineswegs, den Menschen aus seiner Verantwortung für sein Handeln in der Gesellschaft entlassen. Die Betonung des Menschen als angeblich einziges Wesen, das über Geist und Intelligenz verfügt, bietet zugleich eine Chance, unser Verhältnis zu Tieren neu zu bestimmen“ (Newen 2011, 75).

Entscheidend für die Bioethik ist letztendlich die Anthropologie des Tier-Mensch-Unterschiedes. Von besonderem Interesse für eine anwendungsorientierte Ethik sind Fragen leiblichen Lebens und leiblichen Sterbens als Anfang und Ende eines personal-leiblichen Lebens, die nicht identisch sind mit dem Beginn und Ende eines menschlichen Körpers. Sehr viele der biozentrischen Positionen kennen einen solchen Tier-Mensch-Unterschied nicht oder halten ihn für nicht prinzipiell. Dies gilt insbesondere für den Utilitarismus, der unterstellt, dass Glück bei Tieren und bei Menschen im Prinzip dasselbe bedeute. Dies halte ich für eine falsche Anthropologie, die dann auch zu einer zumindest unscharfen Ethik führt. Ein rein empirischer Tier-Mensch-Vergleich erfasst die existenziale Dimension des Menschseins nicht und trägt damit auch nichts zur Erhellung der Bedingungen der Möglichkeit des Menschseins bei. Letztlich ist es der Zusammenhang des menschlichen Praxisvollzuges inklusive der Möglichkeit, sittlich zurechenbar handeln zu können, der in philosophischer Reflexion herausgearbeitet werden muss, um die ethikbegründende Differenz überhaupt in den Blick bekommen zu können. Unsere Interpretation von Welt ist von Sprache und Theorie durchgriffen. Dies begründet ein anderes in-der-Welt-Sein des Menschen als das z. B. von Tieren, auch wenn bei der empirischen Zuordnung, welcher Mensch mit welchen Kompetenzen noch als Mensch gelten darf, Probleme entstehen können.

Eine evolutionär-naturalistische wie eine utilitaristische Betrachtungsweise von Organismen relativiert den Tier-Mensch-Unterschied. Auch wenn dies teilweise durch die zugrunde gelegte Methodik bedingt ist und sowohl Natur wie Nützlichkeit nicht Grundlage einer echten Ethik sein können, muss doch auch ein überzeugter Anthropozentriker in der Ethik wie ich dem materialen Gehalt ihrer Argumente Rechnung tragen, die zumindest indirekt Überzeugungskraft auch für eine ethische Argumentation haben. Dabei ist wohl menschliche Leiblichkeit und ihre Unerklärbarkeit ein zentraler Grundzug einer existenzialen Anthropologie im 21. Jahrhundert. Menschenwürde ist in diesem Kontext auch keine abstrakte Idee, sondern der Wert des Menschen in seiner verletzlichen Leiblichkeit. Zu ihr gehört die Geburtlichkeit wie die Sterblichkeit. Daher ist vorgeburtliche Leiblichkeit als Sonderfall von Leiblichkeit zu betrachten. Die phänomenologische Wende impliziert eine gewisse Rehabilitation der Natur, auch des menschlichen Körpers, als hermeneutische Aufgabe, allerdings nicht als normative Instanz. Dies gilt trotz Habermas Versuch, für die Unverfügbarkeit des menschlichen Körpers eine Lanze zu brechen (Habermas 2001). Dies könnte sich als erster Schritt zurück in eine Naturalisierung des Menschen erweisen, die im 20. Jahrhundert so fatale Folgen zeitigte. Vielleicht bedeutet die Aufwertung des menschlichen Leibes auch eine gewisse Neubewertung des menschlichen Körpers. Sie sollte aber nicht auf eine Fetischisierung des menschlichen Körpers hinauslaufen.

Person als Erscheinung eines individuellen Menschen in seiner leiblichen Gestalt bezieht sich auf „persona“ im Sinne von Maske, Rolle auf einen Agenten, d.h. auf den handelnden Menschen zurück. Diese Rolle ist charakterisiert durch einen bestimmten Charakter, der auf der Bühne im Sinne eines Handlungsraumes dargestellt wird. Person wird also durch die Identität einer Lebensgeschichte konstituiert. Die Genetik kann auf so etwas wie personale Identität im besten Falle hinweisen. Auch die Hirnfunktionen und das Gehirn selbst sind nicht mit Personalität zu identifizieren. Von einem Leib kann erst die Rede sein, wenn sich eine Subjektivität ausgebildet hat. Zunächst entwickelt sich ein menschlicher Körper. Wir können aus dem Begriff der menschlichen Gattung als einem biologischen Begriff keine allzu weitreichenden Schlussfolgerungen ziehen, denn biologische Artbegriffe sind kaum mehr als Interpretationskonstrukte. Menschheit als universaler und möglicherweise sittlich relevanter Begriff bezieht sich intuitiv einleuchtend auf alle geborenen Menschen, die ein menschliches Aussehen und menschlich-leibliche Gestalt haben. Zur Begründung der Menschenwürde brauchen wir den Personbegriff. Ein konkreter Personbegriff ist an menschliche Leiblichkeit als conditio sine qua non gebunden. Für Leiblichkeit ist der menschliche Körper notwendige, aber nicht hinreichende Bedingung. Personale und menschliche Leibhaftigkeit im sittlich zurechenbaren Handlungsvollzug ist der Grund der Zuschreibung der Menschenwürde. Ist personales menschliches Leben Grund für Unantastbarkeit, gilt dies für präpersonale menschliche Körperlichkeit höchstens in abgeschwächtem Maße.

Personal vollzogene Leiblichkeit ist kein naturaler Vorgang, auch wenn er an naturale Vorausbedingungen gebunden ist. Er steht in einem kulturellen Kontext. Wir greifen medizinisch mit der Zustimmung des Betroffenen in den leiblichen Vollzug erwachsener Personen und mit Zustimmung ihrer Vormünder in den von Kindern ein. Warum sollte dies bei Embryonen anders sein? Die Idee der menschlichen Gattung ist kein biologisches Faktum, sondern ein Vernunftkonstrukt. Sie liegt dann aber nicht vor und umfasst nicht zwangsläufig auch alle ungeborenen Menschen, die biologisch zur Spezies Mensch gehören. Die Frage, wer zur menschlichen Gattung gehört, ist nicht nur biologisch zu beantworten. Der ethische Universalismus umfasst letztlich alle (menschlichen) Wesen, die im Prinzip sittlich zurechenbar handeln könnten. Aus Vorsichtsgründen rechnen wir daher alle Wesen zur Menschengattung, die diese Fähigkeit ausbilden können. Voraussetzung dafür aber ist die Befähigung und die Ausbildung von Subjektivität. Wann diese ausgeprägt und entfaltet ist, können wir gegenwärtig nicht mit Bestimmtheit sagen. Letztlich ist es die Entwicklung des menschlichen Gehirns, eine individuelle menschliche Gestalt und eine entsprechende Leiblichkeit. Für diese wiederum ist ein bestimmter genetischer Code conditio sine qua non. Daher kommt eine gewisse Schutzwürdigkeit auch dem genetischen Code eines Menschen nach der Verschmelzung von Samen- und Eizelle zu, allerdings kein absoluter. Sie wächst an, wenn sich Leiblichkeit mit der Anlage zur Subjektivität auszuprägen beginnt und erreicht einen noch höheren Grad bei der Ausbildung der Voraussetzungen für menschliche Subjektivität (Entwicklung des menschlichen Gehirns). Der Fetus könnte dann den Status der (relativen) Unverfügbarkeit (wie von Kindern) erreichen, wenn er Autonomie als Autarkie von der Mutter erreicht hat, d.h. mit der Geburt.

Bereits in der biologisch orientierten Anthropologie des 20. Jahrhunderts ist der Mensch ein Wesen, das zu sich selbst Stellung nehmen muss. Er ist sich selbst noch eine Aufgabe (Gehlen 1972, 9). Gerade dieser Ansatz verdankt sich vor nicht eine biologische Interpretation des Menschen, sondern einer Transformation der idealistischen Dialektik (Fichte, Hegel, Schelling; Fonk 1983). Der Mensch ist damit keine Tatsache, weder biologisch noch soziologisch, er kann nicht aus sich selbst heraus begriffen werden. Nicht zuletzt daran liegt möglicherweise das Misslingen aller anthropologischer Gesamttheorien (Gehlen 1972, 12). Der Mensch ist also kein Faktum, das selbstverständlich wäre, vielmehr ist er das interpretierende Wesen, das sowohl sich selbst wie seine Welt erst deuten muss. Damit steht für Arnold Gehlen der Mensch als handelndes Wesen, als Geist- und Naturwesen im Zentrum seiner Anthropologie (Gehlen 1972, 23). Der Mensch ist nicht programmiert, auch nicht durch seine Gene, obwohl man die Bedeutung der Gene für die Entwicklung biologischer Lebewesen zur Arnold Gehlens Zeit noch nicht im selben Maße abschätzen konnte wie heute.

Dennoch hat Arnold Gehlen ganz wesentliche Impulse für eine Anthropologie auf der Basis von Biologie geliefert. Außerdem ist seine Theorie der Technik bzw. der Kultur interessant, die keineswegs auf der Ebene von Siegmund Freud liegt. Für Arnold Gehlen ist vielmehr Kultur die ins Lebensdienliche umgearbeitete Natur (Gehlen 1972, 38). Hier ist nicht von Triebunterdrückung, Naturunterdrückung, Beherrschung der Natur oder Widernatürlichkeit die Rede wie bei Siegmund Freud, sondern vielmehr wird ein Zusammenhang zwischen Natur und Kultur derart hergestellt, dass Technik als Transformation dazwischen geschaltet ist. Eine solche Konzeption ist durchaus plausibler als die Kulturtheorie von Siegmund Freud, sie hat allerdings nicht die Dialektik von Entfremdung und Beherrschung im Zentrum, wie dies zum Beispiel die kritische Theorie im Verhältnis von instrumenteller bzw. technischer Vernunft und Naturaneignung bzw. Menschenbeherrschung aussagt, sondern Bearbeitung der Natur, Transformation der Natur, Umgestaltung der Natur sind die Grundcharakteristika von Technik und Natur, die damit nicht in einem dualistischen Gegensatz aufgefasst werden.

Die Subjektivität eines Menschen können wir nur aus der Vollzugsperspektive, d.h. aus der Teilnehmerperspektive des halbwegs erwachsenen Menschen erschließen. Die Rekonstruktion geht vom Vollzug einer sittlichen Handlung aus, der allerdings ohne einen menschlichen Körper nicht möglich ist. D.h. kein Mensch kann moralisch handeln, ohne einen Körper zu haben. Insofern ist zur Bestimmung von Personalität das Ineinander-Verwobensein von Teilnehmerperspektive und Beobachterperspektive konstitutiv. Traditioneller könnte die Teilnehmer-Perspektive auch mit dem Begriff der Subjektivität umschrieben werden. Subjektivität kann daher als die im Nachhinein rekonstruierte Teilnehmerperspektive des heranwachsenden Menschen aus der Beobachterperspektive des Erwachsenen im Sinne eines Interpretationskonstruktes verstanden werden.

Eine naheliegende Metapher für die Nicht-Substituierbarkeit der Vollzugsperspektive durch die Berichtsperspektive ist die von Zentrum und der Peripherie. Der Ich-Autor der Handlung setzt sich durch jede seiner Handlungen selbst als Welt-Zentrum des jeweiligen Handlungskontextes. Aus dem Pragmazentrismus ergibt sich der Anthropozentrismus erst dadurch, dass die empirische Prämisse hinzugenommen wird, dass sich die als Handlungsakteure Erfahrenden als Exemplare der Art Homo Sapiens verstehen. Wer nun den Ich-Autor einer Handlung in der Berichtperspektive als einen Fall eines leidenden Wesen interpretiert (Pathozentrismus), begeht den gleichen Fehler. Ähnliches gilt für den Biozentrismus. Das Problem der Zentralität hängt eng mit der Frage nach der adäquaten Rekonstruktion von Handlungen in der Vollzugsperspektive zusammen (Gethmann 1998, 132). Der Handelnde versteht sein Handeln im Vollzug primär als Zweckrealisierungs-Versuch, als geplantes Tun. Moralische Kompetenz ist letztlich eine Zuschreibung in der Vollzugsperspektive und somit grundsätzlich prädiskursive Diskursbedingung.

Eine Schwierigkeit, die Unterscheidung sprachlich plausibel zu machen, liegt darin, dass sich Askriptionen und Deskriptionen oberflächengrammatisch oft nicht unterscheiden. Die Askription (Zuschreibung) „ich bin krank“ lässt sich also als gleich strukturiert mit „er ist krank“ missverstehen. Die Ambiguität zwischen Deskriptionen und Askriptionen gehört zu den Verhexungen der Sprache, auf die Wittgenstein aufmerksam macht. Zu den weittragenden Folgen der Unterscheidung von Beschreibung und Zuschreibung gehört, dass sich das Problem des „naturalistischen Fehlschlusses“ in seiner üblichen Deutung auf Beschreibungen bezieht, jedoch nicht ohne weiteres auf Zuschreibungen. Der Handlungsurheber versteht sich in der Vollzugsperspektive selbst als praktisches Subjekt. Moralische Kompetenz ist in erster Instanz eine Zuschreibung. In der praktischen Philosophie muss Unbedingtheit der sittlich-normativen Verpflichtung im Sinne von Unabdingbarkeit gedeutet werden. Der Anspruch auf moralische Kompetenz soll durch nichts ersetzt werden können (vgl. Gethmann 1998, 139–141).

Subjektivität ist eine Kategorie des eigenen Vollzugs und kann wie moralisches Handeln empirisch (aus der Beobachterperspektive) nie vollständig eingeholt oder identifiziert werden. Subjektivität im Sinne eines Handlungsurhebers kann ungeborenem menschlichem Leben in einem spezifischen Sinne nicht zugeschrieben werden. Personalität wird mit Unbedingtheit in Verbindung gebracht. Diese Unbedingtheit ist aber nur aus der Vollzugsperspektive adäquat zu beschreiben, denn Handlungen sind (aus der Beobachterperspektive) empirisch in vielfältiger Form bedingt. Der Begriff Leib ist eine der deutschen Sprache eigentümliche Unterscheidung, die einen Körper, insofern er als beseelt gedacht wird, durch ein besonderes Wort aus der Menge der übrigen Körper heraushebt. Es entsteht aus dem Mittelhochdeutschen „lîp“ (zunächst undifferenziert Leib und Leben) allmählich die bestimmte Bedeutung von Lebendigem, Beseeltem, eine bestimmte Person darstellenden Körper. In der antiken Philosophie ist wesentlich für den Begriff der Körpers das Moment der sichtbaren Gestalt. In der Gestalt verbindet sich Verschiedenes zu einer Einheit derart, dass das bloß Viele sich zu besonderen Teilen eines Ganzen ordnet. Soma als Leib wird vor allem im Zusammenhang mit Erörterungen über das Wesen des Menschen thematisch. Das Lehnwort Körper kann für alle Bedeutungen von „corpus“

verwendet werden, auch für den menschlichen Körper, insofern dieser nur als Naturgegenstand betrachtet wird, wie etwa in der naturwissenschaftlichen Medizin (vgl. Borsche 1980, 173–177).

Auch in der frühen Neuzeit verfolgt das philosophische Denken die Frage nach dem Leib in zwei Richtungen: Einerseits wird Leib als besondere Maschine interpretiert, die im Prinzip den für alle Körper gültigen Naturgesetzen unterworfen und deshalb kausal zu begreifen ist. Dieser Ansatz bestimmt die allgemeine Behandlung der Leib-Seele-Problematik im Cartesianismus und bei den französischen Materialisten. Die bedeutendere und interessantere Richtung des philosophischen Nachdenkens über das Leibprinzip jedoch verläuft im Bereich der Theorie der Subjektivität. Bei Leibniz bestimmt der Leib unsere Situation des Denkens der Welt. Er bildet den Standpunkt, von dem aus jedes individuelle Denken die Welt vorstellt und macht zugleich die Perspektive des Subjekts aus. In anderer Weise wird der Zusammenhang von Subjektivität und Leiblichkeit unter empiristischen Voraussetzungen hergestellt. Auch hier gelten der Leib und seine Sinnesorgane als Zugang zur Welt und zwar als Quelle für die Erfahrung erscheinender Tatsachen. Erfahrung setzt mein Dasein und die leibliche Konfrontation mit den wahrgenommenen Gegenständen voraus; außerdem bildet sie sich im praktischen experimentellen Umgang mit den Dingen aus, durch deren Handhabung die Kenntnis von Gegenständen der Welt vermittelt wird.

Nach Kant ist der Mensch Bürger zweier Welten: der Natur und der moralischen Welt. Die Leiblichkeit unserer Existenz begründet die Verbindung des menschlichen Subjektes mit der Natur. Als intelligibler Charakter stellt sich der Mensch über seine eigene Leiblichkeit (den empirischen Charakter) und unterwirft sie dem Sittengesetz. Die im Zeichen des Übergangs von der reinen Metaphysik zur konkreten Kenntnis von Natur und Welt stehenden Überlegungen des Opus Postumum führen zum Gedanken einer a priorischen Leiblichkeit des Subjektes. Zugleich wird im Opus Postumum diesem Leib Weltcharakter zugebilligt. Das Fazit bei Kant ist, dass die reine philosophische Vernunft nicht zulassen kann, dass der Leib auf die Seite der übrigen materiellen Welt gebracht wird. Vielmehr muss er als die Weise aufgefasst werden, in der sich die Vernunftorgane des Erkennens und Handelns bilden. Der Gedanke vom Leib als einen Leitfaden der Weltorientierung wird bei Merleau-Ponty weitergedacht. Der Leib sei die Art und Weise unseres Seins zur Welt und zugleich der Bereich, in welchem Sprache, Wahrnehmung, Weltorientierung und Handlung geschieht (vgl. Kaulbach 1980, 178–183).

Menschliche Erfahrung ist eingebettet in den Körper, ist „eingefleischt". Unserer Körper ist sehr selten das thematische Feld von Erfahrungen. Dies folgt aus der Diversität des Körpers selbst (vgl. Leder 1990, 1). Ein anwachsendes Interesse finden Wege einer Rückkehr zum Körper entweder durch sportliche Übung, durch Yoga, durch Körpertherapien, durch Krafttraining, durch intime Vertrautheit mit der Natur, aber dies ist eine Reaktion auf den allgemeinen Trend hin zu einer entkörperlichten Existenz. Dem Leib wurde häufig eine zweitrangige oder oppositionelle Rolle zugeschrieben, während die unkörperliche Vernunft aufgewertet wurde. Dies manifestiert sich im cartesianischen Dualismus. Dieser nimmt besonders auf Erfahrungen der körperlichen Abwesenheit Bezug. Der Leib, wie er bei Merleau-Ponty beschrieben wird, ist niemals gerade ein Objekt in der Welt, aber ein umfassendes Medium, durch das unsere Welt ins Sein kommt. Zu unterscheiden sind Körper (physical body) und Leib (living body). Leib hat eine tiefere Bedeutung als Körperlichkeit und ist ein generatives Prinzip (vgl. Leder 1990, 5).

Der übergreifende Zusammenhang, in dem Leiblichkeit entsteht, ist normativer Natur, sowohl sozial institutioneller wie moralisch normativer Art und damit auf Tradition angewiesen. Die Gehirnentwicklung ist die Quelle menschlicher Leiblichkeit, sie ist zugleich die Quelle unserer Kultur. D.h. menschliche Körperlichkeit muss im Lichte der Fähigkeit des menschlichen Gehirns interpretiert werden, um das Phänomen Leiblichkeit physiologisch und anthropologisch, d.h. objektiv und von außen her begreifen zu können. Diese objektive Annäherung an menschliche Leiblichkeit aber ist der zweite Weg. Man kann Transplantationen als Art Kannibalismus, als fleischliche Einverleibung von Artgenossen oder Teilen von Artgenossen ansehen. Sie wird auch abgelehnt insbesondere in Ländern, in denen der Ahnenkult noch sehr lebendig ist. Man kann aber auch die Transplantation als Verlängerung der Tradition der Prothetik ansehen, die eine technische Ersetzung leiblicher Teilfunktionen anstrebt, insbesondere dann, wenn diese ausgefallen ist. Prothetik ist technischer Organersatz und Organüberbietung.

Menschliche Leiblichkeit ist conditio sine qua non für die Entwicklung menschlicher Personalität. Ihr ist daher eine indirekte moralische Würde angemessen und zuzuschreiben. Die eigene Freiheit wird nicht im Hinblick auf Natur, sondern auf das eigene Machen Können erlebt. Leiblichkeit ist Bedingung der Möglichkeit von Machen Können und Moralität. Menschliche Körperlichkeit ist von der Verschmelzung von Samen- und Eizelle bis zum Zerfall des Körpers im Grab gegeben. Menschliche Leiblichkeit konstituiert sich durch die Ausbildung von Subjektivität und endet mit dem Gehirntod. Gehirn als Ort möglicher Leiblichkeit ist Organ potentieller Selbstempfindung und damit an die Ausbildung des menschlichen Gehirns mit seiner Denk- und Empfindungsfähigkeit gebunden. Das Gehirn, speziell die menschliche Großhirnrinde, ist der Ort für die biologische Seite des Tier/Mensch-Unterschiedes und der biologische Ort für Leiblichkeit. Leiblichkeit ist konstituiert durch Zeitlichkeit und Räumlichkeit, durch Veränderung und Endlichkeit, durch Entwicklung, Geburt und Tod. Die Einheit menschlich-leiblicher Entwicklung als Ort der Selbst- und Ich-Empfindung wird anthropologisch durch die Gehirnentwicklung dominiert. Leiblichkeit ist zu förderst ein Erlebens- und Wahrnehmungsphänomen, ein Selbsterlebensphänomen.

Eine Anthropologie menschlicher Leiblichkeit rekonstruiert die körperlichen Voraussetzungen für die Entwicklung des menschlichen Leibes, also des menschlichen Körpers, insbesondere seines Gehirns. Dabei sind in den letzten Jahrzehnten eine Reihe von neuen Erkenntnissen gemacht worden, die eine Neubewertung des Tier-Mensch-Verhältnisses erforderlich machen, ohne das Paradigma Evolutionstheorie verlassen zu müssen. Eine evolutionär-naturalistische wie eine utilitaristische Betrachtungsweise von Organismen relativieren den Tier-Mensch-Unterschied. Auch wenn dies teilweise durch die zugrunde gelegte Methodik bedingt ist, muss dieser Gedanke doch auf der Ebene der Ethologie überprüft werden. Folgende vorläufige Unterscheidungen möchte ich im Hinblick auf Leiblichkeit und Körperlichkeit vorschlagen. Sie sind letztlich methodisch motiviert und Ausdruck einer Naturalisierung unter Einschluss der Beobachterperspektive:

(1) Der menschliche Körper als biologischer Organismus und Sitz des Gehirns. In diesem Bereich greifen die genetischen Rahmenbedingungen für die epigenetische Entwicklung.
(2) Der menschliche Körper ist geprägt vom menschlichen Gehirn als Grundlage für die Entwicklung von Subjektivität, Leiblichkeit, Personalität und die Ausprägung eines eigenen spezifischen menschlichen

Charakters. Der menschliche Leib drückt Ichhaftigkeit und Subjektivität aus und ist die Grundlage für eine persönliche Bildungsgeschichte. Allerdings lässt sich das menschliche Gehirn auch als Konsequenz der Entwicklung des menschlichen Körpers verstehen.

(3) Der menschliche Leib, der eingebettet ist in eine soziale und kulturelle Praxis und damit auch eine symbolische Bedeutung erhält (vgl. Irrgang 2004a, Irrgang 2005a, Irrgang 2005b, Irrgang 2007b, Irrgang 2009).

Modellvorstellungen zur Evolution des Neuronalen beim Menschen können von zwei erstaunlichen Formen menschlicher Intelligenz ausgehen, die charakteristisch für den Menschen sind und letztlich sowohl seine Kultur wie die wissenschaftliche Sonderperspektive und Beobachterrolle des Menschen erst ermöglichen. Dass unsere Fingerfertigkeit, unsere manuelle Geschicklichkeit die der anderen Primaten weit überragt, haben die Forscher bei der Suche nach einzigartigen menschlichen Eigenschaften bisher weniger beachtet als einen anderen Unterschied: Unser Sprach- oder besser Sprechvermögen. Dabei hängt beides neurobiologisch eng zusammen, wie wir erst seit einigen Jahren wissen. Denn dieselben Hirnzentren liefern die Bewegungsprogramme und Anweisungen für das Sprechen und für unsere Handlungen im Wortsinne. Die Verhaltensforschung hat im vergangenen Jahrhundert fast alle vermeintlichen Bastionen gestürmt, die den Menschen vom Tier trennen, vom Werkzeuggebrauch über die Kommunikation in Symbolen bis zum abstrahierenden Kategorisieren. Fast durchgehend betrifft das kognitive Leistungen, also Fähigkeiten des Denkens und Begreifens, die auch Tiere in Grundzügen besitzen. Uns blieb einzig die Sprache – kein Affe hat trotz aller Bemühungen je sprechen gelernt. Nun ist ein Kennzeichen des Sprechens die perfekte Beherrschung der Artikulationsmuskulatur. Auffallender Weise beruht auch unsere Fingerfertigkeit auf einer phänomenalen Feinmotorik. Wir vermögen die beteiligte Muskulatur von Händen und Armen um vieles schneller und genauer abgestimmt anzusteuern als jedes Tier. Das Bemerkenswerte dabei ist, dass sich die verbesserte motorische Kontrolle bereits beim Primaten ankündigt (vgl. Neuweiler 2005; Irrgang 2007b).

Erst der Mensch ist zum Sprechen begabt, so wie er allein kompliziertes Handwerk beherrscht. Darauf bauen höhere Kulturleistungen inklusive Wissenschaft und Technik auf. Diese überragende motorische Intelligenz, so die These von Neuweiler, bildete das Fundament für unsere kulturelle Evolution, ergänzend könnte man hinzufügen: Und zwar im sozialen Kontext. Sie ist die Grundlage von Sprechen und Handwerken, die soziales Lernen und Erinnern und damit Kultur und Technik ermöglichen. Die Bewegungssteuerung der Säugetiere verläuft wesentlich über drei hierarchisch miteinander verbundene neuronale Instanzen. Die unterste sitzt im Rückenmark. Dort erzeugen, wie schon bei niederen Wirbeltieren, kleine Neuronennetze – die zentralen Mustergeneratoren – Signale, die etwa das automatische rhythmische Wechselspiel der Beinmuskulatur beim Gehen bestimmen. Die Signale werden dann den motorischen Neuronen übermittelt, deren Ausläufer vom Rückenmark zu den Muskeln ziehen. Somit vermag im Prinzip das Rückenmark allein die Grundbewegung zu erzeugen. Seine Mustergeneratoren sind weitgehend den einzelnen Gelenken zugeordnet. Diese Neuronennetze können sogar selbst Sinnesmeldungen beispielsweise über Hindernisse berücksichtigen und den Bewegungsablauf entsprechend anpassen. Wenn die Extremität in einer bestimmten Position stillgehalten werden soll, erzeugen diese Neuronennetze passende andere Programme. Welche ihrer Möglichkeiten sie gerade aktivieren müssen, erfahren sie von Bewegungszentren der ihnen übergeordneten zweiten Instanz. In diesem hinteren Gehirnteil werden auch Sinnesmeldungen über den aktuellen Stand des Bewegungsablaufes berücksichtigt (vgl. Neuweiler 2005).

Auf dieser direkten Verbindung zwischen Hirnrinde und Muskelneuronen beruht wahrscheinlich die besondere Handfertigkeit von Primaten wie auch des Menschen. Dank dessen können Affen und wir Finger und Zehen willentlich bewegen, was anderen Säugern, z.B. Katzen nicht gelingt. Zudem erhalten bei uns auch die Motorneuronen für die Arm- und Schultermuskeln direkte Befehle von ganz oben, aus dem Vorderhirn. Darum kann der Mensch zielgenau werfen, Affen nicht. Das Tier trifft mit dem Hammerschlag nicht einmal einen Nagel. Tatsächlich versorgt beim Menschen ein dicker Ast der Pyramidenbahn die Nerven für die Gesichts-, Lippen-, Zungen- und Gaumenmuskulatur wie auch – das ist einzig unter den Primaten –die Muskulatur des Kehlkopfes (vgl. Neuweiler 2005). Die den Menschen auszeichnende Fähigkeit ist das Sprechen. Sprache erwerben wir durch Nachahmung. Es dürfte kein Zufall sein, dass unser Sprechzentrum, das Broca-Areal, sich offenbar aus dem Areal F5 der Affen entwickelt hat, in der für Anweisungen zu koordinierenden Bewegungen auch visuelle

Informationen verrechnet werden. Wir handeln vorwiegend unter visueller Führung. Um Sprechen zu können, werden beim Menschen alte Zentren neu vereinnahmt (vgl. Neuweiler 2005).

Es fehlt Affen offensichtlich die Möglichkeit, komplexe Bewegungen zeitlich präzise zu längeren Handlungsketten zusammenzufügen und zu erinnern. Diese Fähigkeit ist allerdings nicht nur nötig, um Klavier spielen zu können, sondern auch um Silben zu Wörtern und Wörter zu prinzipiell endlosen Folgen von Sätzen zusammenzufügen. Offenbar verfügt einzig der Mensch in den am Sprechen beteiligten Hirnzentren, vielleicht im Broca-Areal, über lokale Nervennetze, die diese im Prinzip endlose Verkettung von Bewegungsabläufen ermöglichen. Sie sind die Voraussetzung für das Sprechen. Nimmt man all das zusammen, scheint das Sprechen evolutionsgeschichtlich eng mit unserer manuellen Geschicklichkeit verwandt zu sein. Selbst die höchsten Leistungen in Kunst und Wissenschaft gäbe es nicht ohne diese Fähigkeiten (vgl. Neuweiler 2005). Die genetische Dimension beim Lernen von Mäusen wurde in den 60er Jahren untersucht. Seit den späten 60er Jahren hat sich die Einsicht ergeben, dass ungefähr die Hälfte der Verhaltensvarianz auf genetischen Faktoren beruht. Die Verhaltensgenetik hat zwei Meinungen überwunden: (1) Dass genetische Effekte sich nicht ändern lassen und (2) dass sich Erfahrung mit dem Alter ansammle und damit genetische Effekte weniger wichtig werden. Dagegen hat die Verhaltensgenetik aufzeigen können, dass genetische Faktoren mit anwachsendem Alter zunehmende Bedeutsamkeit erlangen (vgl. Plomin u. a. 1997). Genetische Faktoren können genauso zu Veränderungen in der intellektuellen Kompetenz führen wie Umweltfaktoren. Sie hängen im Übrigen zusammen.

Auch Wahrnehmung, Lernen und Sprache haben einen genetischen Anteil. Kinder wachsen in derselben Familie verschieden auf. Viele Umweltindikatoren in der Psychologie haben jedoch einen genetischen Charakter. Insgesamt hat sich ein Verhältnis von 50 zu 50 im Hinblick auf genetisch und nicht genetisch bedingte Umwelt herausgestellt. 25 % der kognitiven Kapazität eines Kindes können durch familiäre Umwelt beeinflusst werden, wie Adoptionsstudien aufgezeigt haben. Genetisch codiert ist bereits die Genotyp-Umwelt-Beziehung. Wir erzeugen unsere Erfahrungen zumindest zum Teil aus genetischen Gründen. Das bedeutet, dass wir beim Erkennen eine aktive Rolle spielen, die durch unsere Genotyp-Umwelt-Interaktion zumindest teilweise festgelegt ist (vgl. Plomin u. a. 1997). Die Fähigkeit des

Menschen zur Kulturentfaltung hat ihre Wurzeln in der frühen Evolutionsgeschichte. Obwohl Kultur selbst keiner genetischen Vererbbarkeit bedarf und daher auch nicht der Evolution durch natürliche Selektion unterliegt, ist dennoch die Fähigkeit eines jeden Tieres, ansatzweise Kultur zu entwickeln, das direkte Produkt eines solchen Evolutionsmechanismus. Daher hat sich eine genetisch determinierte Fähigkeit herausgebildet, Information durch Zeichen, Sprache und Nachahmung weiterzugeben. Bei der biologischen Evolution vollziehen sich Veränderungen zwangsläufig sehr langsam. Die kulturelle Ausbreitung kann viel schneller als die genetische erfolgen. Ein biologisches Analogiemodell ist dafür die Ausbreitung einer Epidemie. Evolutionsbiologisch lässt sich der Vorgang von Lehren und Lernen wie eine Infektion behandeln. Kultur kann auch den Phänotyp in physischer Hinsicht verändern. Kultur beinhaltet die Übertragung und Speicherung von Information auf nicht-genetischem Weg unter Vertretern der gleichen Art. Ohne Zweifel kann dies am wirkungsvollsten bei einem sozialen Tier geschehen (vgl. Bonner 1983).

Das wachsende Verständnis der neuronalen und genetischen Grundlagen des Verhaltens hat unsere Ansichten darüber differenziert. Menschliche Intuition und Introspektion können bei der Beurteilung der kognitiven Komponenten tierischen Verhaltens oft nur unzuverlässige Wegweiser sein. Wir neigen dazu, die Leistungsfähigkeit von Tieren zu überschätzen. Denken ist die mentale Entwicklung einer Idee, Einsicht oder Absicht. Es ist verbunden mit Überlegen, Nachsinnen, Reflektieren, Erinnern, Sich Vorstellen, Planen, Kreieren, Vorausschauen und Folgern. Aber menschliches Denken und Wissen ist nicht auf Kognition zu reduzieren, von der unterschiedliche Formen auch im Tierreich auftreten. Angeborene Verhaltensweisen haben oft eine trügerische Flexibilität. Die Anpassungsfähigkeit des Verhaltens ist keine verlässliche Richtlinie. Angeborene Verhaltensprogramme und Alternativstrategien sind oft sehr differenziert. Köhlers Versuche mit Schimpansen zeigen, dass einige Affen lernen, Kartoffeln zu waschen und Weizen zu spülen. Man kann das als operante Konditionierung interpretieren. Außerdem gibt es bei Schimpansen auch ein Nüsse knacken mit Steinen. Auch Werkzeuggebrauch und Werkzeugerfindung helfen uns bei der Beurteilung von Denkprozessen bei Tieren nicht viel weiter. Instinkt und Denken sind nicht immer ein entweder oder, sondern bisweilen auch ein sowohl als auch. Angeborene Reaktionen schließen Denken nicht zwangsläufig aus (vgl. Gould/Gould 1997).

Seit den 80er Jahren des 20. Jahrhunderts haben molekulargenetische Belege für das Verständnis der menschlichen Evolution fast dieselbe Bedeutung erlangt wie fossile und archäologische Zeugnisse. Die Neurowissenschaften werden herausfinden, welche Gene welchen geistigen Fähigkeiten zugrunde liegen. Der Vergleich der Gene von Schimpansen mit denen von heute lebenden Menschen und denen des Neandertalers ergeben signifikante Umgruppierungen auf den Chromosomen 4, 9, 12 zwischen Affe und Mensch und dem Fehlen eines Chromosoms beim Menschen. Daraus kann man schließen, dass sich unsere Abstammungslinien vor mindestens 600.000 Jahren getrennt haben (vgl. Miller 2001). Eine Theorie zur Evolution des menschlichen Geistes wird allein auf kumulativer Selektion nicht aufbauen können, sondern muss die sexuelle Selektion mit einbeziehen. Evolution hat mit Fitness zu tun, wobei wir die Grenzen unserer heutigen sexuellen Vorstellungen und Präferenzen überwinden müssen, um uns die Romanzen unserer Vorfahren vorstellen zu können. Fitnessindikatoren wie temperamentsvolles Tanzen, intelligente Konversation oder realistische Höhlenmalerei wurden von Männern zur Schau gestellt. Sport gilt ebenso als Fitnessindikator wie die Körperform, die Gesichter und das, was an Gehirnen sichtbar ist. Kunst entwickelte sich auf der Basis von Verführungskunst und von Schmuck als erweitertem Phänotyp des Menschen.

Vielseitiges soziales Lernen wird in der Primatenevolution zu einer sich immer komplexer gestaltenden Grundbedingung des Lebens. Diese evolutionäre Entwicklung fördert parallele und gleichermaßen individuelle Innovationsfähigkeiten sozialer Abhängigkeit. In dieser Konstellation liegen u. a. auch die günstigen Voraussetzungen zur Ausbildung von sozialen Traditionen und damit zu Generationen überdauernden und zugleich flexiblen gruppenspezifischen Verhaltensvarianten. Die Traditionsbildung wird gefördert durch die sich in der Primatenevolution verlängernde individuelle Lebensdauer und die dadurch gegebene Möglichkeit einer engen Verflechtung verschiedener Generationen innerhalb der Sozietäten. Zunehmende Komplikation der Sozialisation erfordert höhere kognitive Leistungsfähigkeit und erweiterte Lernkapazität. Im Bereich der Primaten entwickeln sich entscheidende Prädispositionen für die Hominisation, insbesondere für das Phänomen menschlicher Kulturfähigkeit (vgl. Vogel 2000).

Die Primatenevolution ist gekennzeichnet durch die Zunahme des Individualisierungs- bzw. Personalisierungsgrades und der Zunahme der sozialen Abhängigkeit. Eine derart lernoffene und zugleich in vieler Hinsicht ungefestigte, ja gefährdete Reifungsphase des individuellen Lebens von erheblicher Dauer profitiert vom kontinuierlich zuverlässigen Schutz und Vorbild durch ein sicherndes Umfeld erfahrener Erwachsener, sowie von einem relativ ernstfreien Lern- und Probierfeld im Sozialverband. Damit steigt zwangsläufig die soziale Abhängigkeit nach Dauer und Intensität. So schließt sich ein Rückkopplungskreis dieser Evolutionsrichtung. Vorausschauendes Planen unter Abschätzung der Reaktionswahrscheinlichkeiten der Partner bei gleichzeitig beherrschter, oft restriktiver Kontrolle über das eigene emotionale Spontanverhalten, gehören gewissermaßen zum täglichen Brot und sind Voraussetzung für erfolgreiches Agieren in sozialen Systemen. Die Technologie nahm ihren Anfang sehr wahrscheinlich im Umfeld von Jagd, Nahrungsgewinnung und -zubereitung. Die Entwicklung von Symbolsprachen muss wohl primär im Zusammenhang mit einer die unabdingbar notwendige soziale Jagd fördernden vorausplanenden Kommunikation gesehen werden (vgl. Vogel 2000).

Das menschliche Individuum könnte von seinen kognitiv-intellektuellen Potenzen so frei werden, dass sein Verhalten für Sozialpartner kaum oder gar nicht mehr mit erforderlicher Verlässlichkeit kalkulierbar wird: Ein wahres Desaster für einen auf Gedeih und Verderb dem Sozialleben verhafteten Primaten. Einer derartigen Katastrophe muss kontinuierlich entgegengewirkt werden. Dies kann auf der Stufe unserer individuellen Freiheitsgrade nur durch die Entwicklung und strikte Beachtung von soziokulturell gesetzten, traditional stabilisierten Verhaltensregeln und Normen geschehen, deren Einhaltung das unbedingt notwendige Maß an verlässlicher Vorhersagbarkeit des Verhaltens für Individuen derselben Sozietät garantiert. So entsteht Kulturgeschichte als Sozialgeschichte. Kultur ist äußerlich gekennzeichnet durch die Herstellung und intensive Verwendung von artifiziellen Werkzeugen (vgl. materielle Kultur, Technologie), durch symbolische Sprachen, durch Traditionen, durch soziale Institutionen, Sitten, Normen, Regeln, Gebote, Verbote, Tabus, durch Moral, Religion, Kulte und durch das umfassende Bedürfnis, Wesen, Herkunft, Zweck und Ziel aller im Erlebniskreis des Menschen wesentlichen Dinge, einschließlich seiner selbst, zu deuten und zu erklären, darüber zu reflektieren. Die Kulturgeschichte hat einige

Prinzipien der organismischen Evolution im Bereich kultureller Entwicklung ausgeschaltet, z. B. die primäre wechselseitige Unabhängigkeit von Mutation und Selektion, die an ein physisch genetisches Substrat gebundene Ausbreitungsweise von Informationsinhalten, die strenge Irreversibilität usw. An ihre Stelle sind neue Regeln und Mechanismen getreten. Daher sollte man den Terminus Kulturevolution möglichst vermeiden und besser von Kulturgeschichte oder Kulturentwicklung sprechen (vgl. Vogel 2000).

Kleinkinder entwickeln ein gewisses Verständnis einer unabhängig existierenden physischen Welt schon in einem Alter, das mit ihren frühesten Manipulationen von Gegenständen zusammenfällt, und zwar noch bevor sie die Zeit gehabt haben könnten, diese Manipulationen zur Konstruktion ihrer Welt zu verwenden. Gemeinsame Aufmerksamkeit führt zur sozialen Kognition. Die allgemeine Einsicht in die Beziehung zwischen dem Verstehen von sich selbst und von anderen ist zu nutzen, um die sozio-kognitive Neunmonatsrevolution zu erklären. Der Ansatzpunkt ist eine neue Erfahrung selbst verursachten Handelns. Damit wird das Selbst intentional. Menschen erkennen die intentionalen Angebote von Artefakten. Niemand weiß wirklich, was für ein Verständnis Kinder von sich selbst haben. Die Erklärung der menschlichen Anpassung an die Kultur basierte auf der zwischen 9 und 12 Monaten auftretenden Fähigkeit der Kinder, andere Personen als intentionale Akteure zu verstehen (Zweite Person Perspektive oder Du-Perspektive). Das Verstehen einer kommunikativen Absicht kann jedoch nur vor dem Hintergrund gemeinsamer Aufmerksamkeit stattfinden. Szenen gemeinsamer Aufmerksamkeit sind soziale Interaktionen, bei denen das Kind und der Erwachsene während einer bestimmten Zeit ihre Aufmerksamkeit einem dritten Gegenstand widmen (vgl. Tomasello 2002).

So geschieht das Lernen von Wörtern im Verlaufe sozialer Interaktionen. Menschenkinder sind in vielerlei Hinsicht auf den Erwerb einer natürlichen Sprache biologisch vorbereitet, d. h. durch grundlegende kognitive, sozio-kognitive und stimmlich auditive Fertigkeiten. Von entscheidender Bedeutung für die Entwicklung moralischer Überlegungen sind reflektierende Gespräche, in denen Kinder Kommentare abgeben oder Fragen zu den Überzeugungen und Wünschen anderer oder von ihnen selbst stellen. Wenn der Erwachsene das Verhalten eines Kindes bei einer bestimmten kognitiven Aufgabe steuert, versucht das Kind zunächst, diese Steuerung vom Standpunkt des Erwachsenen aus zu verstehen (die Perspektive des Erwachsenen zu simulieren). Später vollzieht es die Anweisungen des Erwachsenen offen nach, indem es sein eigenes Verhalten in der gleichen oder einer ähnlichen Situation durch metakognitive, verhaltensüberwachende Strategien oder selbststeuernde Rede reguliert. Es verinnerlicht die steuernde Rede, Regeln und Anweisung der Erwachsenen. So kommt es zur kulturellen Kognition (vgl. Tomasello 2002). Gemäß Tomasello ist die anscheinende Gemeinsamkeit zwischen Menschen und Tieren keine echte. Im Fall des Erkennens intentionalen Verhaltens von anderen Lebewesen stellebei näherem Hinsehen heraus, dass sich die betreffende von Tieren geleistete Vorwegnahme bloß auf das Betragen von anderen Tieren beziehe, nicht auf ihre Absichten; im Falle der Sprache, dass die Alarmrufe der Ververt-Affen zwar die Absicht hätten, das Betragen von anderen Tieren zu lenken, aber nicht ihre Geisteszustände. Und im Falle des imitativen Lernens ist zu beachten, dass im Gegensatz zu Menschenkindern lernende Schimpansen nicht die Absicht des jeweils Imitierten, sondern bloß das wahrgenommene Verfahren selbst wiedergeben. Allerdings wird die Fähigkeit von Tieren, Intentionen anderer Lebewesen zu erkennen, kontrovers beurteilt (vgl. Forster 2007, 463f).

Die Verbal-Sprache ist eine späte Innovation und bildete sich wohl in den letzten 100–200.000 Jahren heraus. Dies kann man daraus rekonstruieren, dass sich in diesem Zeitraum die anatomischen Voraussetzungen für Sprache entwickelten. Auch Affen haben eine gewisse soziale Intelligenz und man kann bei ihnen eine beschränkte Symbolverwendung feststellen. Selbstbewusstsein und Bewusstsein finden sich ebenfalls. Das Selbstbewusstsein bei Affen muss aber nicht präsent sein. So kommt es bei Affen nur zu episodischen Kulturphänomen. Beim Menschen gibt es kognitive Fähigkeiten, die Voraussetzungen für eine ganz anders geartete Kultur auf der Basis des Gedächtnisses sind. Affen leben ihr Leben vollständig in der Gegenwart. Menschen haben abstrakte symbolische Gedächtnisse. Insofern ist das Handeln von Affen situativ gebunden. Sie haben nur ein episodisches Gedächtnis. Die Gedächtnisformen des Menschen setzen unterschiedliche neuronale Mechanismen voraus. Vögel, die ihre Gesänge verlieren, haben eine episodische Kultur. Das prozedurale Gedächtnis hat sich unterschiedlich von dem episodischen Gedächtnis herausgebildet. Die Menschen haben ein semantisches Gedächtnis und sind in der Lage, Dinge in eine komplizierte Hierarchie einzuordnen (vgl. Donald 1991).

Die Einführung der Sprache hat das ganze menschliche Gehirn verändert. Es gibt Fähigkeiten, die auf Nachahmung zielen und beruhen. Intentionalität als Zielgerichtetheit gehört dazu. Es gibt aber auch Imitationen von Gruppen und eine Erinnerung an Gesichtszüge bzw. Lautabfolgen. All diese Fähigkeiten führten zu einer anwachsenden Kontrolle des Menschen über gefühlsmäßige Ausdrücke. Es entwickelte sich eine mimetische Gesellschaft. Um 150.000 entstand der Neandertaler. Die Technologie in diesen Gesellschaften ist noch primitiv, während die Sprache in sozialen Kontexten allmählich zu größeren Höhen anwächst. Der Mythos ist das prototypische fundamentale und integrative Werkzeug des Geistes. Er versucht, eine ganze Reihe von Ereignissen zu integrieren in einem zeitlichen und kausalen Rahmenwerk. Diese mimetische Kultur beruht auf Emblemen, Ikonen und Metaphorik und enthält Symbole und mentale Modelle. Wahrnehmungsorientierte und begriffsorientierte mentale Modelle lassen sich unterscheiden. Ein neues Wort wird definiert durch die Regeln seines Gebrauchs. Wichtig ist dabei die Bedeutung des Feedbacks in der Entwicklung und Regulierung der Sprache. Die narrativen Fähigkeiten und Mythen bilden sich in artikulatorischen Rückkoppelungsschleifen aus (vgl. Donald 1991).

Der Mensch und seine Evolution des Gehirns, der Sprache, der technischen Kompetenzen, der kulturellen Fähigkeiten sind so außergewöhnlich, dass von einer biologischen Sonderstellung des Menschen gesprochen werden muss. Zwar gibt es Greifhände beim Affen, aber kein Affe hat die motorische Intelligenz des Menschen, es gibt Kommunikationssysteme bei Tieren, aber keines gleicht annähernd dem des Menschen, es gibt instrumentelle Fähigkeiten bis hin zur radikalen lokalen Umweltveränderung beim Biber, aber kein Tier baut Pyramiden oder fliegt gar zum Mond (zumindest aus eigenem Antrieb). Die eine oder andere Fähigkeit hat die eine oder andere Tierart möglicherweise auch, aber nicht in dieser in sich verflochtenen Struktur und im entsprechenden Ausmaß. Wer von der Tier-Mensch-Gleichheit ausgeht, ignoriert enorm viel biologisches Material zur kulturellen Entwicklung der Menschheit und atomisiert den Tier-Mensch-Vergleich. Mit Hilfe der Evolutionstheorie lässt sich eine exakte Grenze zwischen Tier und Mensch niemals feststellen, selbst wenn der Menschwerdung des Menschen ein deutlicher Evolutionssprung zugrunde liegt, denn Selektion und Mutation arbeitet in kleinen Schritten, wechselseitig aufeinander bezogen. Der Evolutionssprung des Menschen beruht auf der

Erfindung der Kultur. Diese erfolgte aber nicht mit einem Schlag und war wohl auch nicht zu prognostizieren. Aber mit einer differenzierteren soziobiologischen Interpretation von Kultur verbindet sich auch eine differenziertere Sicht auf Evolution überhaupt (vgl. Irrgang 2001a). Sie entbindet die eigentliche Geistwerdung des menschlichen Gehirns. Insofern ist eine biologische Betrachtung der kulturellen Evolution und der Geistlichkeit des Menschen von extremer Bedeutung. Gehirne wurden von der Evolution erfunden, damit mentale Repräsentation möglich wird. Das Mentale kann somit nicht ein Epiphänomen sein.

Mit dem Erscheinen des abstrakt denkenden und zu symbolischem Handeln fähigen modernen Homo sapiens hat sich auf der Erde eine neue Ebene des Seins manifestiert. Zu erklären, wie es dazu kam, ist von allen Fragen in der Biologie die faszinierendste und verwirrendste zugleich. Eine Schwierigkeit erwächst hierbei daraus, dass in der Ahnenreihe des Menschen kein Zusammenhang zwischen dem Aufkommen moderner Verhaltensweisen und anatomischer Modernität zu bestehen scheint. Der menschliche Geist ist nicht aus dem Gehirnvolumen zu erklären. Der anatomisch moderne Homo sapiens erschien schon viel früher auf der Bildfläche als der auch in seinem Verhalten neuzeitliche Mensch. Dies ist auch nicht weiter verwunderlich, denn wo sollen sich wie auch immer geartete neue Verhaltensweisen etablieren, wenn nicht innerhalb einer bereits existierenden Spezies? (vgl. Tattersall 2004). Erst in Kombination mit Feinmotorik und Sprachkompetenz entsteht menschlich-leiblicher Geist in soziokultureller Einbettung. Vielleicht ist er wirklich nicht älter als 200.000 Jahre, obwohl die reine Quantität des menschlichen Gehirns ein höheres Alter zu unterstellen scheint (1.000.000 Jahre).

Wenn wir von symbolischen Prozessen im Gehirn oder beim Denken sprechen, beziehen wir uns auf unsere Fähigkeit, von Einzelheiten unserer Erfahrung zu abstrahieren und durch mentale Symbole auszudrücken. Sicherlich verfügen auch andere Arten in einem gewissen Sinn über Bewusstsein, aber soweit wir wissen, leben sie in der Welt einfach so, wie diese sich ihnen darstellt. Zentral ist die Fähigkeit, geistige Symbole zu kreieren. Selbstverständlich ist die Intuition nach wie vor ein Grundpfeiler unseres Urteilsvermögens. Das abstrakte Denkvermögen kam nur dazu. Letztlich ist es die einmalige Kombination von beiden, die Wissenschaft, Kunst oder Technik erst möglich macht. Wie schwer es überhaupt ist, Steinwerkzeuge herzustellen, wurde in einem Versuch in Japan überprüft. Dabei zeigte sich, dass zur Weitergabe auch anspruchsvoller Herstellungstechniken für Steinwerkzeuge stummes Vorführen völlig ausreicht und eine sprachliche Tradition gar nicht erforderlich ist (vgl. Tattersall 2004).

Wenn wir also nach einem bestimmten kulturellen Auslöser suchen, der die Tür zum symbolischen Denken aufgestoßen hat, dann ist die Erfindung der Sprache der offensichtliche Kandidat. Die Existenz eines Sprachinstinktes (vgl. Disposition) beim Menschen ist nicht zu leugnen. Erklärungsbedürftig bleibt aber nicht nur, wie diese angeborene Prädisposition entstanden ist, sondern auch wie sie so plötzlich in Erscheinung treten konnte. Diese Neuerung konnte nur auf dem Phänomen der Emergenz beruhen, wobei eine zufällige Kombination bereits existierender Elemente etwas völlig Unerwartetes hervorbringt. Das klassische Beispiel einer emergenten Qualität liefert Wasser: die meisten seiner besonderen Eigenschaften sind absolut unvorhersehbar, wenn man das Verhalten seiner Bausteine Wasserstoff und Sauerstoff betrachtet. Die Kombination dieser Elemente ergibt etwas völlig Neues. In Verbindung mit der Exaptation bildet die Emergenz einen leistungsfähigen Evolutionsmechanismus. Da sich während der frühen Kindheitsentwicklung das Gehirn durch die Bildung spezifischer Signalwege aus einer undifferenzierten Masse wahllos miteinander verknüpfter Nervenzellen selbst strukturiert, beruht dieses Ereignis wohlmöglich sogar auf entwicklungssteuernden Reizen und fand somit eher epigenetisch als genetisch statt (vgl. Tattersall 2004).

Nachdem der neuronale Boden für Sprache bereitet war, kann sie auf vielerlei Arten entstanden sein. Die von Tattersall bevorzugte Variante ist, dass eine Urform nicht von Erwachsenen erfunden wurde, sondern von Kindern. Angesichts der Tatsache, dass das Gehirn keine statische Struktur wie etwa ein Gummiball aufweist, sondern eine dynamische Einheit ist, die sich während des Heranwachsens (vgl. und bei geeigneten Stimuli sogar während des ganzen Lebens) unablässig selbst neu organisiert, scheint der Gedanke gar nicht so abwegig, dass ein rudimentärer Vorläufer der Sprache, wie wir sie heute kennen, anfangs in einer Gruppe von Kindern auf spielerische Weise entstand. Vermutlich entstand die Syntax mit ihren Regeln zur Konstruktion ganzer Sätze in einem eigenen, späteren Schritt, der aber durch die Schaffung von Wort-Objekt-Verbindung vielleicht zwangsläufig vorgegeben war (vgl. Tattersall 2004). Nur in Klammern: Wahrscheinlich war es mit der Technik nicht anders, nur geschah dies wesentlich früher.

Plausibel scheint ein mehrstufiger Prozess ähnlich den Schritten, mit denen Kinder Sprache erlernen. Am Anfang steht der sehr schnelle Aufbau eines Wortschatzes, dann folgt das Erlernen von Syntaxregeln und als letztes kommt die korrekte Bildung ganzer wohlstrukturierter Sätze. Um sprechen zu können braucht man ein Gehirn, das dem Sprechapparat sagt, was er tun muss. Genauso wichtig ist jedoch ein Sprechapparat, der die Anweisungen des Gehirns zu befolgen vermag. Der ursprüngliche Vokaltrakt der Primaten taugt dafür in keiner Weise. Beim Menschen ist dies anders. Typischerweise befindet sich bei Säugetieren, einschließlich der Menschenaffen – und selbst noch bei menschlichen Säuglingen – der Kehlkopf im oberen Halsbereich, was den Rachenraum verkürzt und so die Möglichkeiten zur Abwandlung von Stimmlauten einschränkt. Dagegen liegt der Kehlkopf bei erwachsenen Menschen tiefer im Hals; der dadurch verlängerte Rachenraum schafft die Voraussetzung für eine bessere Lautmodulation. Das ermöglicht ein breites Spektrum an Lauten und Tönen, hat aber seinen Preis: gleichzeitiges Atmen und Schlucken ist unmöglich – mit dem fatalen Risiko, beim Essen ersticken zu können (vgl. Tattersall 2004).

Erste Anlagen einer Verschiebung des Stimmapparates und des Sprechapparates im Gehirn finden sich in einem Schädel des Homo heidelbergensis aus Äthiopien, der 600.000 Jahre alt ist. Demnach war damals bereits ein Stimmapparat ausgebildet, der seinen Träger zur Lauterzeugung für artikulierte Sprache befähigte, mehr als eine halbe Million Jahre bevor es einen anderen unabhängigen Beleg dafür gibt, dass unsere Vorfahren sprechen oder so etwas wie Sprache benutzen konnten. Der Stimmapparat des erwachsenen Menschen kann somit ursprünglich keine Anpassung gewesen sein, die dem Sprechen im heutigen Sinne diente. Trotz ihrer Nachteile entstand eine Krümmung der Schädelbasis und blieb für eine sehr lange Zeit bestehen, bevor sie in den Dienst der Sprache gestellt wurde. Vielleicht begünstigte sie während dieser langen Zeit wirklich die Ausprägung gewisser archaischer Formen von Sprache. Vielleicht brachte sie aber auch irgendeinen Vorteil beim Atmen – ein Punkt, der bei ausgestorbenen hominiden Arten noch kaum untersucht ist. Ebenfalls ist die menschliche Sprachfähigkeit nicht das Ergebnis einer natürlichen Auslese, auch wenn sie sich im Nachhinein als höchst vorteilhaft erwiesen hat. Vielmehr handelt es sich um Formen der Exaptation und der Emergenz (vgl. Tattersall 2004, 69).

Die Evolution des Neuronalen ist über weite Strecken eher kumulativ. Möglicherweise mit dem Beginn bei einer lichtempfindlichen Zelle, die durch Verschaltung und weitere Evolution ihrer Dispositionalität (vgl. als Strukturbegriff) letztlich zur Grundlage der Sensomotorik und verschiedenen Stufen der Erinnerung wird und so zu Verhaltenskoordination und zum Erleben von Wahrnehmung und Verhalten führt, kommen immer mehr Verarbeitungsregionen und Kompetenzen hinzu, aber auch eine Reihe von Evolutionssprüngen und Emergenzen. Insgesamt gesehen weist die Evolution des menschlichen Gehirns auf Emergenzphänomene außerordentlicher Art hin. Evolutionsbiologisch ist der letzte und entscheidende Schritt die Entstehung der Sprache und der Feinmotorik als Voraussetzung für die Entstehung der menschlichen Kultur. Spätestens jetzt übersteigen die menschlichen Kompetenzen bei weitem seine Dispositionen. Die theoretische Beschreibung der Evolution des Neuronalen ist nur möglich unter Rückgriff auf Evolutionsbiologie, Genetik, Neurowissenschaften, Ethologie, Kognitionswissenschaften und Anthropologie.

Der neuronale Darwinismus versucht die Entstehung von Geist zu erklären. Dabei legt er die natürliche Selektion und die somatische Selektion zugrunde. Der erste Schritt wird von so gut wie niemandem angezweifelt. Das Nachdenken über den zweiten mündet in eine Theorie, die Evolution, Entwicklung, Struktur und Funktion des Gehirns auf der Basis selektiver Prinzipien zu erklären sucht. Die Theorie der Selektion neuronaler Gruppen besteht aus drei Hauptaussagen:

(1) Entwicklungsselektion: Von einem sehr frühen embryonalen Stadium an wird die weitere Etablierung von Kontakten auf synaptischer Ebene in hohem Maße durch somatische Selektion geleistet. Diese Verästelungen garantieren eine außerordentlich hohe Variabilität im Hinblick auf die möglichen Verknüpfungsmuster bei diesen speziellen Wesen und schaffen sich ein riesiges und vielfältiges Repertoire an neuronalen Schaltkreisen. Die Folge davon ist, dass die Neuronen innerhalb einer Gruppe enger miteinander verknüpft sind als Neuronen aus verschiedenen Gruppen.

(2) Erfahrungsselektion: Überlappt wird diese frühe Phase durch einen Prozess der synaptischen Selektion innerhalb des Repertoires einzelner neuronaler Gruppen, der auf Verhaltenserfahrungen zurückzuführen ist und das ganze Leben hindurch stattfindet.
(3) Reentry: Zur Korrelation zwischen selektiven Ereignissen innerhalb verschiedener Karten des Gehirns kommt es durch den dynamischen Prozess des Reentry. Reentrante Wechselwirkungen machen es einem Tier mit einem hochvariablen, einzigartigen Nervensystem möglich, auch ohne die Hilfe eines Homunkulus oder eines Computerprogramms eine nicht mit Begriffen belegte Welt in Objekte und Ereignisse zu unterteilen. Dieser Prozess führt zur Synchronisation der Aktivität neuronaler Gruppen in verschiedenen Hirnkarten und verbindet diese zu Schaltkreisen, die einen zeitlich kohärenten Output entstehen lassen. Das Phänomen des Reentry bildet somit den zentralen Mechanismus zur räumlichen und zeitlichen Koordination verschiedener sensorischer und motorischer Ereignisse (vgl. Edelmann/Tononi 2004).

Die Zahl der in einem solchen System möglichen geometrischen topologischen Muster ist riesig. Die reentrante Organisation unterscheidet höher entwickelte Gehirne von anderen Dingen oder Systemen. Komplexe Computernetzwerke großen Umfangs sind zwar im Begriff, mehr und mehr Eigenschaften reentranter Systeme anzunehmen, basieren jedoch grundsätzlich auf einem Code und arbeiten im Unterschied zu Netzwerken des Gehirns mit Instruktionen und nicht selektiv. Zwischen Reentry und Rückkoppelung besteht ein Unterschied: Rückkoppelung erfolgt über eine einzige, fest verkabelte Schleife aus reziprok miteinander verschalteten Fasern, die zum Zwecke der Kontrolle und der Korrektur auf zuvor per Instruktion erworbener Information – einer Fehlermeldung beispielsweise – basiert. Reentry hingegen tritt in einem Selektions-System auf und bedient sich multipler, parallel geschalteter Wege, bei denen keine Information vorgegeben ist. Ähnlich wie die klassische Form der Rückkoppelung können aber auch reentrante Wechselwirkungen lokal (innerhalb einer Karte) oder global (zwischen verschiedenen Karten und Regionen) erfolgen (vgl. Edelmann/Tononi 2004). Emergenz bezeichnet das plötzliche Auftreten einer neuen Qualität, die jeweils nicht erklärt werden kann durch die Eigenschaften oder Relationen der beteiligten Elemente, sondern durch eine jeweils besondere selbstorganisierende Prozessdynamik. In dieser Formulierung gehört Emergenz zur systemtheoretischen Fundierung der Selbstorganisation. Dabei ist Emergenz ein Phänomen, das mit Rücksicht auf den Beobachter formuliert wird (vgl. Küppers/Krohn 1992).

Ohne Gehirn gibt es keine mentalen Fähigkeiten. Dennoch lässt sich aufgrund seiner emergenten Eigenschaften der Geist nicht vollständig im Rahmen physikalistischer Theorien fassen. Geistige Dispositionen und Kompetenzen gehören zusammen, sind aber dennoch zu unterscheiden. Verbesserungen in der Fähigkeit Steine zu werfen, – eine sensomotorische Kompetenz des Menschen wie das Klavierspielen Können – können als Resultat neurologischen Wandels in unserem Gehirn verstanden werden. Wenn man zweimal so weit in einer gegebenen Zeit werfen will, muss eine Entscheidung mindestens achtmal so schnell getroffen werden. Umso mehr Neuronen, die in einem Zusammenhang mit der Bewegungssteuerung stehen, umso schneller und regelmäßiger kann das Timing erfolgen. Ein genaues Werfen erfordert mehr und mehr Synchronisierung von Nervenzellen. So bevorzugt die Selektion Gehirne mit parallelen Verschaltungen für eine verbesserte zeitliche Synchronisierung und extra Neuronen für besondere Plätze (vgl. Ornstein 1991, 51). Die Evolution des Bewusstseins und des menschlichen Geistes stellen das Ende der zufälligen Evolution dar (vgl. Ornstein 1991, 267).

Komplexe Verhaltensweisen sind häufig angeboren. Intelligenz hängt mit der Geschwindigkeit des Lernens zusammen. Täuschung kann als Intelligenzleistung verstanden werden. Es geht jedenfalls um die Bewältigung einer flexiblen Zukunft. Der IQ misst jeweils nur einige Aspekte an Intelligenz. Auch sensomotorische Schablonen oder Muster, die an den Sinneswahrnehmungen ausprobiert werden, sind in den Bereich der Intelligenz zu rechnen. Die Vorausplanung ist im Tierreich oft angeboren. Auch Paarungsverhalten ist langfristig und häufig angeboren. Planen schließt etwas Neues ein, das Abwägen einer Situation. Bei Affen gibt es erstaunlich wenige Ansätze für mehrstufiges Planen, für etwas, was sich noch zurückstellen lässt. Das Pflücken einer Banane mit einem Stock ist nicht Vorausplanen, das Flexibilität, vorausschauendes Handeln und Kreativität erfordert. Intelligenz geht über Gedächtnisleistungen hinaus. Schlussfolgerndes Denken und Logik gehören dazu, zumindest im pragmatistischen Sinne einer Abduktion. Innovation bedeutet die Neukombination von bekannten Dingen und ist ein wichtiges Element von Intelligenz wie ein schrittweises Annähern an ein Problem im Sinne des Abschätzens. Die Logik ist eher eine Eigenschaft des Stoffes als des kreativen geistigen Prozesses. Es geht um das Erraten und das richtige Einschätzen, also um eine breite Palette von Intelligenzinhalten (vgl. Calvin 2004).

Unterschätzt wurden für die Evolution der menschlichen Kultur die Macht und die Autonomie des nichtverbalen menschlichen Geistes. Diese erste Revolution wird vermutlich vor etwa 1,5 Millionen Jahren stattgefunden haben, was sich an einem fundamentalen Wandel im menschlichen Genom in jener Zeit als plausibel unterstellen lässt. Der zweite große Schritt fand mit der Entdeckung und Entwicklung der menschlichen Sprache statt und zwar in einem Zeitraum von vor etwa 300–100.000 Jahren. Gesprochene Sprache ermöglicht dem Menschen eine zweite Form von eigenständigem Wissen, das eine erheblich größere Mächtigkeit impliziert, das menschliche Wissen zu ordnen. Der dritte große Durchbruch in unserer kognitiven Evolution war die Entdeckung und Verwendung externer Symbole, die unsere Erkenntnis radikal revolutioniert hat (vgl. Donald 1993, 153–161). Kompetenzen sind also aus der Perspektive der Postphänomenologie der Schlüsselbegriff für menschlich-leibliche Geistigkeit, die bis in die Emotionalität hineinreicht, und nicht Selbstbewusstsein oder logisches Schlussfolgern. Implizite und explizite Kompetenzen geistiger Art ermöglichen nicht nur Praxis, sondern ein Sich Verständigen Können über Praxis schon vor der expliziten Sprachfähigkeit (vgl. Irrgang 2007b, Irrgang 2009).

Auch auf molekularer Ebene zeichnen sich erste Besonderheiten bei der Entwicklung des menschlichen Organismus ab, die in aussagefähiger Weise die Ergebnisse zur Sonderrolle des menschlichen Körpers als Grundlage eines Leibes stützen könnten. Der raffinierte Code des Lebens ist darauf ausgerichtet, die Evolution zu beschleunigen und zugleich katastrophale Auswirkungen von Mutationen zu verhindern (vgl. Spektrum 1/2006, 19). Die Entdeckung einer Reihe solcher Varianten in den 1990er Jahren machte deutlich, dass der genetische Code durchaus nicht eingefroren und für alle Ewigkeit fixiert ist. Offenbar kann er sich verändern, und folglich hat er es wohl auch getan (vgl. Spektrum 1/2006, 25). Wie mehr und mehr Forschungsergebnisse der letzten Jahre zeigen, beschreibt das zentrale Dogma der Molekularbiologie „Ein Gen – ein Protein“ das Geschehen nur sehr unzureichend. Proteine spielen zwar durchaus auch dort eine Rolle bei der

Genregulation, doch parallel dazu existiert ein zweites, bisher übersehenes Regulationssystem. Es basiert auf der RNA, die direkt mit der DNA, anderen RNAs sowie Proteinen interagieren. An ebendiesem Netzwerk von RNA-Signalen könnte es liegen, dass beispielsweise der menschliche Organismus eine um Welten höhere strukturelle Komplexität erreicht als jegliche einzellige Lebewesen. Diese Theorie könnte dazu beitragen, einige der größten Rätsel der Entwicklungsbiologie und der Evolution zu lösen (vgl. Spektrum 1/2006, 27f).

Es handelt sich um die Konzeption der Mosaikstruktur „höherer" Gene. Die Bauanweisung für ein Protein ist gemäß diesem Modell nicht als zusammenhängender Text im Erbgut niedergelegt. Vielmehr verteilt sie sich auf mehrere Abschnitte. Diese so genannten Exons sind durch teils sehr lange dazwischen geschobene DNA-Sequenzen getrennt, die keine Proteininformation tragen. Die Einschübe, Introns getauft, werden im Zellkern zunächst mit abgelesen, aber dann aus der langen primären RNA-Abschrift herausgeschnitten. Ein als Spleißen bezeichneter Prozess fügt dabei die RNA-Exons zu einer durchgehenden Bauanweisung, einer Boten-RNA zusammen. Erst diese Arbeitskopie verlässt den Kern in Richtung Proteinfabriken (vgl. Spektrum 1/2006, 28). Der Schlüssel zum Verständnis dieses noch kaum erforschten Regulationssystems liegt möglicherweise in einer neuartigen Interpretation der Evolution von Introns. In jüngerer Zeit häufen sich Hinweise, dass diese Sequenzen nicht generell auf die Frühzeit des Lebens zurückgehen, sondern erst bei höheren Organismen in die Gene eindrangen. Die Aufnahme von Introns in das Eukaryotengenom läutete möglicherweise eine neue Runde molekularer Evolution ein – auf der Basis von RNA statt Proteinen. Das angebliche Gerümpel im Erbgut könnte so mehr und mehr echte genetische Funktionen erworben haben, die es in Form seiner RNAs ausübte (vgl. Spektrum 1/2006, 28f).

Alternatives Spleißen hat zwar fundamentale Bedeutung für die Entwicklung einer Pflanze oder eines Tiers. Dennoch ist nicht geklärt, wie die Zelle entscheidet, welche der möglichen Proteinvarianten zu welchem Zeitpunkt gefertigt werden sollen. Bisher wurden nur wenige spezifische Eiweißstoffe identifiziert, die das alternative Spleißen bestimmter Gene steuern. Daher gehen die Wissenschaftler gewöhnlich davon aus, dass ein fein abgestimmter Cocktail von allgemein zuständigen Proteinfaktoren das alternative Spleißen kontextabhängig aktiviert oder unterdrückt (vgl. Spektrum 1/2006,

30f). Der Vergleich des menschlichen Genoms mit dem anderer Organismen zeigt inzwischen, wie stark das alternative Spleißen zu der Diversität zwischen Arten mit relativ ähnlicher Genausstattung beiträgt. Der gleiche Mechanismus dient zudem innerhalb einer Art dazu, mit ein und demselben begrenzten Satz von Genen Körpergewebe mit sehr unterschiedlicher Funktion zu bilden. Tatsächlich steigt die Häufigkeit, mit der Organismen auf alternatives Spleißen setzen, offenbar mit deren Komplexität. Der Mensch nutzt bis zu Dreiviertel seiner Gene mehrfach. Vermutlich trug der Spleißmechanismus selbst zur Höherentwicklung bei und könnte auch unsere weitere Evolution vorantreiben. Jede Zelle registriert ständig ihren inneren Zustand und die herrschenden Umgebungsbedingungen. Anhand der gewonnenen Daten entscheidet sie, ob sie weiter wächst oder sich teilt oder ein zelluläres Programm zur kontrollierten Selbstzerstörung aktiviert (vgl. Spektrum 1/2006, 34).

Der Mensch besitzt die höchste Zahl von Introns pro Gen überhaupt. Retrotransposons sind kurze DNA-Sequenzen, die sich eher wie winzige Genomparasiten verhalten. Sie erzeugen nämlich Kopien von sich selbst, die sich an zufälliger Stelle ins Erbgut ihrer Wirtszelle integrieren. Sie trugen entscheidend dazu bei, dass sich während der Evolution vielzelliger Organismen die Genome erweiterten. Fast die Hälfte der menschlichen DNA besteht mittlerweile aus transponierbaren Elementen jeglicher Art (vgl. Spektrum 1/2006, 39f). Nicht nur die Evolution der Primaten an sich, sondern auch die Abspaltung der menschlichen Linie von den übrigen Primaten könnte zumindest zum Teil auf alternativem Spleißen beruhen. Denn die fast identischen Gene von Mensch und Schimpanse produzieren zwar in den meisten Geweben weitgehend die gleichen Proteine. In Teilen des menschlichen Gehirns sind jedoch einige Gene aktiver und andere liefern durch alternatives Spleißen erheblich abweichende Proteine (vgl. Spektrum 1/2006, 40).

Neben den Genen konventioneller Art existieren mindestens zwei weitere Informationsebenen. Die eine kann mit alternativem Spleißen umschrieben werden, die andere als epigenetische Phänomene. Diese basieren auf komplexen Verbänden von Proteinen und niedermolekularen Verbindungen, die sich der DNA anheften, sie umhüllen und stützen. Die zugrunde liegenden Mechanismen erscheinen bislang noch mysteriös. Wie Mutationen im Erbgut sind auch epigenetische Fehler offenbar an der Entstehung vieler

Missbildungen, Krebsleiden und anderer Erkrankungen beteiligt. Anders als die genetischen Fehler lassen sich jedoch möglicherweise mit Medikamenten rückgängig machen (vgl. Spektrum 1/2006, 52). Nach Meinung der Forscher wird es Jahre, vielleicht Jahrzehnte dauern, bis eine schlüssige Theorie erklären kann, wie DNA, RNA und die epigenetische Maschinerie in einem komplexen selbstregulierenden System zusammenarbeiten (vgl. Spektrum 1/2006, 52–54). Eine der Hauptfunktionen einer weiteren Form der Genexpression, der Methylierung, ist offenbar, die vielen Transposons stumm zu schalten. Sie machen insgesamt etwa die Hälfte des menschlichen Genoms aus (vgl. Spektrum 1/2006, 64).

Die Indizien für die Existenz eines weitgespannten regulatorischen Netzwerks auf RNA-Basis sind überzeugend, wenn auch derzeit noch lückenhaft. Mit zunehmender Komplexität eines Systems muss also ein immer größerer Anteil der verfügbaren Kapazität für regulatorische Information reserviert werden. Dieses nichtlineare Verhältnis von Regulation und Funktion ist offenbar eine Eigenschaft sämtlicher integrierter Systeme. Sie alle stoßen daher in ihrer Evolution irgendwann an ein immanentes Komplexitätslimit, wenn sie nicht völlig andere Steuermechanismen einführen. So könnte man folgende Regel formulieren: Organisierte Komplexität ist eine Funktion regulatorischer Information (vgl. Mattick 2005, 65–68). Im Genom höherer Organismen sind demnach die reinen Proteininformationen keine Oasen in einer Wüste nutzlosen DNA-Schrotts, sondern eher Inseln in einem Ozean regulatorischer Information, die zum großen Teil in Form von RNA übermittelt wird. Ein weiterer Teil des vermeintlich evolutionären Schrotts nimmt etwa vierzig Prozent des menschlichen Genoms ein: So genannte Transposons und repetitive genetische Elemente, auch bekannt als springende Gene bzw. Wiederholungssequenzen, gelten wie die Introns gemeinhin als molekulare Parasiten, die unser Genom im Laufe der Evolutionsgeschichte in mehreren Wellen kolonisierten. Zunächst waren sie wohl wenig willkommene Gäste, doch nachdem sie sich in die Gemeinschaft eingefügt hatten, begannen sie und ihre Nachkommen zunehmend aktiver in die weitere Entwicklung einzugreifen, sie zu gestalten und sich mit ihr zu verändern. Sie könnten bei der so genannten epigenetischen Vererbung – der Modifikation genetischer Merkmale – eine zentrale Rolle spielen. Wenn wir verstehen, wie die umfangreiche und höchst raffinierte regulatorische Architektur in den Genomen komplexer Organismen funktioniert, erhellt sich vielleicht auch das Problem, wie selbstreproduzierende und selbstprogrammierende Systeme zu konzipieren sind. In den als Schrott verkannten Genombereichen mag sich das Geheimnis der menschlichen Natur verbergen – und darin eine Anleitung zur Programmierung komplexer Systeme allgemein (vgl. Mattick 2005, 69).

Auf der Basis einer entwicklungsorientierten Systemtheorie von Gray 1992 wurde ein erweitertes Vererbungskonzept entwickelt. Dieses berücksichtigt zytoplasmische Komponenten wie Zellsymbionten, soziale Kriterien, wie Ernährungsgewohnheiten, und beinhaltet letztendlich eine Zurückweisung des Mastermolekülkonzeptes der Gene. Nicht nur der Informationsbegriff ist in der Vererbung entscheidend, sondern eine Neuformulierung der Entwicklungsinformation. Wenn man die Ontogenese der Information betrachtet, so steckt die genetische Information nicht in den Genen, sondern sie entsteht bei der Exprimierung der Gene. Dies wurde in den Jahren 1998 von Griffiths und Knight und 2000 von Oyama formuliert. Natur und Ernährung sind nun bei dem neuen Informationsbegriff mit zu interpretieren und mit zu bewerten. Die Natur manifestiert sich in den sich entwickelnden Phänotypen, und Nahrung ist als Grundlage für die Entwicklungsprozesse von Phänotypen anzusehen. Insofern wurde eine Reinterpretation der Evolution, bzw. der Phylogenetik und der natürlichen Selektion erforderlich. Die natürliche Selektion bedarf der Lebenszyklen. Eine weitere Folge war die Revision des Anpassungskonzeptes. Dies führte zur Entwicklung von ökologisch eingebetteten Entwicklungssystemen, in denen Angeborenes und Erworbenes wechselseitig aufeinander bezogen waren. Natur und Kultur sind zu unterscheiden, sind aber wechselseitig aufeinander bezogen. Insofern bleibt das Konzept der natürlichen Verwandtschaft erhalten. Aber in eingebetteten Lebenszyklen bekommt es einen neuen Sinn. Die Autopoiesistheorie und die neue Entwicklungstheorie unterstützen sich gegenseitig. So kann ein neues Verständnis der Robustheit und Flexibilität in Entwicklungssystemen begründet werden. Und dies ermöglicht neue Diskussionen über den Ursprung der Arten. Der Wandel der Morphologie von Tieren und Pflanzen kann nun anders erklärt werden. In der letzten Zeit wurden auch konkretere Vererbungsstrukturen entdeckt. Insofern bekommt die Suche nach Analogien und Homologien einen neuen Sinn. Die Forscher suchen nach neuen Homologien von Prozessen (vgl. Thompson 2007, 187–196).

In früheren Konzeptionen galt der Organismus nur als passives Objekt der Evolution, nun wird seine Rolle als aktiver Mitgestalter betont. Die Adaptionisten wie Richard Dawkins sehen Organismen als Objekt der Evolution. Das neue Konzept der aktiven Evolution hingegen umfasst folgende vier grundlegende Punkte: (1.) die Einheit der Evolution (das Genom, die Zelllinie, individuelle Organismen, soziale Gruppen) ist im Rahmen eines Entwicklungssystems zu begreifen, (2.) Entwicklungssysteme sind ökologisch eingebettete, autonome Netzwerke, (3.) Optimierungskriterien führen zu Pfadstrukturen, die durch Gangbarkeit (Viabilität) beschrieben werden können, welche letztendlich aber in ihrem Ergebnis unvorhersehbar sind, (4.) erfolgt eine Differenzierung durch sexuelle Reproduktion. Die neuen Konzepte betonen den Pfadcharakter der Evolution zwischen Zufall und Notwendigkeit. Es kommt zu einer Konstitution eines Pfades bei der Expression von Genen. Dies ist das Modell auch für die Embryonalentwicklung. Die Interpretation eines Organismus als eines natürlichen Artefaktes stammt aus der britischen Tradition der natürlichen Theologie. Hier besteht eine große Ähnlichkeit zwischen Organismen und Artefakten, wie beim Konzept der Zuchtwahl bei Darwin. Es gibt natürliche Vorschläge und eine rationale Morphologie. So entsteht eine Theorie der Organisation in der Gestalt einer Theorie der Autopoiese. Der aktivierende Ansatz der Evolution hat technologische Konnotationen. Natürliche und technische Evolution werden unter ähnlichen Gesichtspunkten betrachtet (vgl. Thompson 2007, 206–218).

Die sechs Millionen Jahre, die uns Menschen von anderen Menschenaffen trennen sind, evolutionär betrachtet, eine sehr kurze Zeitspanne, vor allem im Hinblick darauf, dass der moderne Mensch mit dem Schimpansen ungefähr 99% des genetischen Materials teilt. Es stand einfach nicht genügend Zeit für normale biologische Evolutionsprozesse, wie genetische Variation und natürliche Selektion, zur Verfügung, um Schritt für Schritt jede der kognitiven Fähigkeiten zu erzeugen, die es modernen Menschen ermöglichen, komplexen Werkzeuggebrauch und Technologien, komplexe Formen der Kommunikation und der Repräsentation durch Symbole und komplexe gesellschaftliche Organisationen und Institutionen zu erfinden und aufrechtzuerhalten (vgl. Tomasello 2002). Wichtige Forschungsergebnisse aus der Paläoanthropologie haben ergeben, dass (1.) die Entwicklungslinie des Menschen außer in den letzten 2 Millionen Jahren keine weiteren als die für

Menschenaffen typischen Fertigkeiten aufweist, und (2.) die ersten dramatischen Anzeichen für einzigartige kognitive Fertigkeiten erst in den letzten 250.000 Jahren mit dem modernen homo sapiens auftreten. Der biologische Mechanismus, der diese Evolution zu Stande gebracht hat, besteht in der sozialen oder kulturellen Weitergabe, die auf einer um viele Größenordnungen schnelleren Zeitskala operiert als die Prozesse der organischen Evolution.

Die sehr spezifische Evolution des menschlichen Körpers und der Verlust des Haarkleides wurden seit antiken Zeiten bis in die philosophische Anthropologie des letzten Jahrhunderts falsch verstanden und galten als Ausdruck von Verteidigungslosigkeit und Verlust der biologischen Instinkte des modernen Menschen. Das Gegenteil jedoch ist der Fall. Mit der speziellen Thermoregulation und den erforderlichen Notwendigkeiten beim Jagen und Laufen des modernen Menschen, zusammen mit den unzählig verteilten Nervenenden in der Haut entwickelte sich die Haut zu einem sensomotorischen Wahrnehmungsorgan und sozialen Ausdrucksorgan für menschliche Interessen von besonderer Art und Weise (vgl. Duncker 2005, 9f).

Die primären sensorischen Zentren des zerebralen Kortex, der visuelle, der auditive und der sensomotorische Kortex genauso wie der primäre Bewegungskortex, haben sich nur in geringer Art und Weise vergrößert. Sehr viel stärker vergrößert haben sich die angrenzenden assoziativen Areale des Kortex einschließlich der Gebiete, die den sekundären Bewegungskortex umfassen. Der größte Zuwachs im menschlichen zerebralen Kortex ist in der vollkommen neuen Struktur des tertiären assoziativen Gebildes des sensorischen und Motorkortex zu verzeichnen. Gebiete, die im frontal basalen Kortex enthalten sind. Diese funktionale Differenzierung des menschlichen zerebralen Kortex ist bis zu einem bestimmten Grad auch bei anderen Säugetieren vorhanden, allerdings sind beim Menschen diese Differenzen exponentiell angewachsen und auf einen längeren Zeitraum verteilt, in dem sie sich entwicklungsgemäß ausbilden können, nämlich 15 Jahre. Und sie finden in dominanter Art und Weise in den Hemisphären statt. Die rechte Hemisphäre, die konstant in alle körperlichen Aktionen und sinnlichen Wahrnehmungen involviert ist, ist während des Sprechens für die Sprachmelodie und die nichtverbale Verständigungsdimension von Sprache, für die räumliche Kontrolle aller Bewegungen und Orientierungen, genauso wie für die Kontrolle der Gebärdensprache und der Körpersprache und ihrer Ausdrücke verantwortlich (vgl. Duncker 2005, 17f).

Die kognitive Entwicklung ist ein Produkt andauernder sozialer Austausch- und Kommunikationsprozesse, die nicht getrennt werden können von all den anderen Entwicklungen sozialer Kompetenz, sensomotorischen Fähigkeiten und dem Erwerb von Einsicht in die soziale und materielle Welt (vgl. Duncker 2005, 32). Die unzählbar vielfältigen funktionalen Möglichkeiten für die Entwicklung eines Sozialverhaltens und kultureller Kompetenzen für Menschen führten letztlich zu einer ungewöhnlichen Diversität von autonomen Sprachen und kulturellen Gruppen (vgl. Duncker 2005, 38). Dabei hat der Mensch als ein Handelnder einen speziellen Status im Hinblick auf menschliche Praxis, insofern diese auch sittlich zurechenbar sein kann, unabhängig von der Frage, ob ein solcher spezieller Status durch wissenschaftliche Forschung über Menschen entdeckt werden kann oder nicht. Insofern haben wir hier neben jeden Anthropozentrismus oder Biozentrismen aller Art eine Art und Weise von Pragmazentrismus, die eine Sonderstellung moralischer Art begründen kann (vgl. Gethmann 1993, Irrgang 2005b).

Die Entwicklung der Feinmotorik wie die Kompetenzen im Umgang mit Artgenossen ohne das gesprochene Wort und die gesprochene Sprache machten eine evolutionäre Vergrößerung des Speicherungsplatzes im Rahmen der Gehirnevolution erforderlich. Entscheidend ist dabei nicht die Vergrößerung des Bereichs und Areals der sensomotorischen Verarbeitung, sondern die Rückverknüpfung mit dem Neokortex, was eine hochgradige Steuerung der Sensomotorik ermöglicht und auch Feinmotorik in Serie („Klavierspielen“ genauso wie „Sprechen“) anthropologisch möglich gemacht hat. Schon die neue sensomotorische Ausstattung des Menschen ermöglicht Praxis im Gegensatz zu vereinzelten Handlungsweisen bei Tieren, die möglicherweise wie Handlungen aussehen, dies aber nicht sind, weil ihnen der Verweisungszusammenhang zur menschlichen Praxis fehlt, die einen Rückbezug zur Kultur bedarf, um Handlung und Praxis sein zu können. Kultur ist ein umfangreicheres zusammenhängendes Traditionsgefüge, nicht punktuelles Lernen. Anthropologie konstituiert so eine gewisse Epistemologie, setzt aber auf der anderen Seite eine solche voraus.

Varela, Thompson und Rosch haben 1991 das Buch „The embodied mind“ geschrieben. Sie verbinden darin eine dynamische Theorie des Geistes mit dem Einbettungsparadigma. Hier ist Erkenntnis an die Ausübung eines fertigkeitsbasierten Know-hows in einer situierten und eingebetteten

Handlung gebunden. Das Nervensystem des Gehirns erzeugt Bedeutung. Die lebenden Organismen sind autonome Agenten. Hier geht es darum, die Phänomenologie zu naturalisieren. Der gemeinsame Grund ist der, dass wir Lebewesen sind und lebendig sind (vgl. Thompson u.a. 2001, 3–14). Einbettung wird in der Phänomenologie verbunden mit einer Aufwertung der Introspektion und der Berücksichtigung des Vorsprachlichen und Vorrationalen. Die subjektive Erfahrung manifestiert sich auch in Bildern, in denen eine subpersonale Erfahrung aufscheint. Bildhaftigkeit ist eine überzeugende Form von Erfahrung, die sich nicht auf Sprachlichkeit reduzieren lässt. Wir brauchen dies zur Komplettierung der Wahrnehmung. Die Fülle unserer visuellen Welt ist erdrückend. Verbildlichungen visueller Erfahrungen im Rahmen unseres Gesichtsfeldes helfen bei der Orientierung. Der phänomenale Charakter der Erfahrung ist genauso wenig zu leugnen, wie ihre Transparenz. Sehen und Erinnern von Bildern sind Teil unseres Wahrnehmungsprozesses. Dabei sind im zentralen Maße auch für moderne Menschen Visualisierungen erforderlich. Implizites Wissen, „tacit knowledge" ist auf der Basis eines auf Fähigkeiten und Fertigkeiten sensomotorischer- und nicht deskriptiver- und nicht propositionaler Art beruhenden Konzeptes zu erklären. Dabei gibt es eine intentionale Struktur bildlicher Erfahrung (vgl. Thompson 2007, 267–299 und Irrgang 2001a).

Wahrnehmung ist beim Menschen eine Art von Theorie und Verbalsprache durchdrungener Aktivität. Erforderlich ist Interdisziplinarität in einer Naturphilosophie des menschlichen Geistes als Grundlage für eine Philosophie menschlicher Leiblichkeit. Wahrnehmungs-Erfahrung eignet sich aufgrund des Verfügen Könnens über leibliche Fähigkeiten den Inhalt an. Die Struktur des Umgangswissens konstituiert bereits auf dieser Ebene menschlich-leibliche Subjektivität. Was wir wahrnehmen können, ist determiniert durch das was wir tun. Dies nennt man den aktiven Zugang zu den Dingen. Dieser ist in tiefem Maße kontraintuitiv. Blindheit entsteht aufgrund fehlender Wahrnehmungskapazitäten oder aufgrund von fehlender Wahrnehmung. Um Erkenntnistheorie richtig konzipieren zu können, müssen wir das Input-Output-Modell hinter uns lassen. Man kann auch geblendet werden durch das, was man sieht. Dann gibt es aber auch die Freuden der Wahrnehmung. Eine selbst hervorgebrachte Bewegung und ihre Wahrnehmung unterscheiden sich von bloßer Fremdwahrnehmung. Die selbst hervorgebrachte Bewegung begründet einen aktiven Zugang zur Wahrnehmung. Insofern muss das Phänomen der Repräsentation neu durchdacht werden. Es geht um Personen und ihre Leiber. Der in aktive Prozesse eingebettete Blick auf die Wahrnehmung führt dazu, dass die Autonomiethese unter Druck gerät. Es geht um Wege, in denen unsere Leiber zur Erfahrung kommen können. Dabei vorausgesetzt ist ein implizites Verständnis von sensomotorischen Regularitäten (vgl. Noe 2004, 7–30).

Umgehen Können ist das philosophische Entwicklungsprinzip, das im empirischen Bereich emergenter Rückkoppelung entspricht. Epigenetik als Paradigma der (durch Gene gesteuerten) Entwicklung des individuellen Lebens basiert auf einem vielfach rückgekoppelten Entwicklungsmuster beim Aufbau des menschlichen Gehirns und seiner Weiterentwicklung zu Kompetenzen, die die Ausübung geistiger Tätigkeiten ermöglichen, deren Details noch der Erforschung bedürfen. Nur Ansätze sind bekannt und lassen trotz aller Uniformität der belebten Natur eine Vielfalt und Verschiedenheit des Lebendigen und der Entstehung von Organismen ahnen. Gemäß der Neo-Epigenesiskonzeption kommt es im Verlauf des Befruchtungsvorganges zur Aktivierung eines Entwicklungsprogramms, das im Zytoplasma der Eizelle in Form von mütterlicher RNA gespeichert ist. Nicht nur das Genom codiert die Entwicklung eines Lebewesens. Die Embryonalentwicklung wird zwar genetisch gesteuert, „orientiert“ sich gemäß dem epigenetischen Modell aufgrund von Rückkoppelungsprozessen aber an einer Art Gestalt des Lebendigen, die im Entwicklungsprozess von Säugetieren oft verfehlt wird (vgl. Irrgang 2003b, Irrgang 2005b).

Die Entwicklung eines Lebewesens als rückgekoppelter Prozess der Strukturierung ist zwar durch den genetischen Code vorstrukturiert, wird aber auch durch den Organismus oder die Umwelt mit ausgerichtet und gestaltet, in der sich das Wachstum oder die Embryonalentwicklung vollzieht. In der frühen Embryonalentwicklung bei Säugetieren liegt beispielsweise nicht nur Wachstum oder Ausdifferenzierung von Zellen vor, wie etwa nach der Geburt, sondern echter Gestaltwandel (vgl. Irrgang 2005b). Der Einfluss der Gene auf die Struktur von Geist und Psyche ist unbestreitbar. Menschliche Babys werden mit einem Sprachinstinkt und einem Zahlensinn geboren. Unser Genom ist aber keine Blaupause für den Organismus und enthält keinen exakten Schaltplan für den Geist. Bei einem exakten Konstruktionsplan mit maßstabsgetreuer Umsetzung besteht eine direkte Entsprechung zwischen den Elementen der Zeichnung und den Elementen des Bauwerks.

Dagegen existiert zwischen den Genen und den Zellenstrukturen keine solche Entsprechung. Gene sind keine simplen Blaupausen. Dabei gibt es zwei Paradoxe: Die neuronale Flexibilität und die Genknappheit. Menschen sind vor allem zum Lernen geboren. Gehirne sind genetisch vorverdrahtet; Gene liefern Rezepte für Proteine und Anweisungen, wie diese Rezepte angewandt werden sollen (vgl. Marcus 2005).

Zoologisch betrachtet ist der Tier-Mensch-Unterschied minimal, im Hinblick auf Ethik ist er jedoch höchst relevant. Und Ethik gehört wie die Moral in den Bereich der Kultur. Moral und ihre Reflexionstheorie, die Ethik, ist deutlich unterschieden von moralanalogem Verhalten oder sozialen Instinkten von Tieren. Kultur setzt die Du-Perspektive voraus, die zwar in den Spiegelneuronen (Rizzolatti u.a. 2007) ein biologisches Korrelat hat, aber letztlich nicht auf diese zurückgeführt werden kann. Spiegelneuronen gibt es zwar auch bei Schimpansen, aber nur im Promillebereich, so dass soziale Instinkte von ihrer biologischen Basis aus nicht dasselbe beinhalten können wie menschliches Moralverhalten und soziale Kompetenzen. Aus diesem Grunde kann eine Bioethik nicht auf einem naturalistischen Fehlschluss beruhen, sondern muss menschlichen Wissens-, Erkennens- und Rechtfertigungskompetenzen Rechnung tragen, die mehr als Kognition sind. Daher lehne ich Biozentrik und Physiozentrik aus epistemologischen Gründen als Ausgangspunkt für eine Bioethik ab, da sie von einer rein naturalistischen Betrachtungsweise für die Ethik überhaupt ausgehen. Da Menschen für Menschen etwas Besonderes sind und dies bereits biologisch grundgelegt ist, plädiere ich dafür einen ökologisch eingebetteten epistemologischen kulturalistischen anthropozentrischen Standpunkt für die Bio Ethik einzunehmen, welche unter Berücksichtigung der Schmerzempfindlichkeit von Lebewesen (Pathozentrik) argumentiert. Gerade meine evolutionär und damit gradualistische Konzeption einer Menschheitsgeschichte und Moral ermöglichen einen natural und kulturell geprägten Zugang zu einer Bioethik, die den Namen Ethik auch wirklich verdient und diese Bereichsethik nicht utilitaristisch-pragmatistisch verkürzt, obwohl diese beiden Perspektiven in eine Bioethik Eingang finden müssen. Letztlich geht es um ein Phänomen der menschlichen Gehirnentwicklung und dessen, was er daraus machen kann.

In der Bioethik beginnen sich die Grenzen zwischen Naturwissenschaften als theoretischer Biologie, Lebenswissenschaften, Ethologie und Ökologie, und Technologie als Life Sciences, Artficial Life und Computermodelling sowie als Geisteswissenschaften insbesondere als Moral, Ethik und Epistemologie zu verwischen, bzw. ineinander zugreifen. So entsteht in der Bioethik eine Disziplin in den Geisteswissenschaften, was im Übrigen für angewandte Ethik im Allgemeinen gilt, die nicht rein philologisch-geisteswissenschaftlich ist und über das sonst übliche bloße digitale Katalogisieren in enzyklopädischen Datenbanken hinausgeht. Sie muss die Frage beantworten, warum ein moralisches bzw. ethisches Verhältnis zur belebten Natur entwickelt werden muss oder soll. Eine mögliche Antwort liegt darin, dass das Faszinosum Evolution uns dazu veranlasst, Lebendiges ernst zu nehmen. Dabei hilft die Erkenntnis, dass die zentrale Botschaft der Evolution nicht darin besteht, dass nicht Organismen ihre individuelle Gestalt vererben, sondern die Steigerung der Komplexität von Organismen der Erhöhung der Überlebensfähigkeit von Merkmalen des Lebendigen dient. Auch wenn grundlegende Bausteine des Lebens für viele Lebewesen ziemlich gleich sind, ist die Komplexität der Baupläne von Organismen relativ unterschiedlich. Das Glück oder die Leidens- bzw. Schmerzfreiheit von Lebewesen ist jedenfalls kein evolutionär begründetes Kriterium.

In herkömmlichen Bioethiken wird häufig zu ihrer Begründung auf die universelle Gleichheit des genetischen Codes für alle Lebewesen hingewiesen. Für diese ist es von besonderer Wichtigkeit, dass Schimpansen und Menschen 98,5 % aller Gene gemeinsam haben. Sie müssten also praktisch gleich behandelt, für manche sogar mit einer der Menschenwürde nahe verwandten Dignität ausgestattet werden. Dies ist allerdings nicht sehr evolutionär gedacht, denn die Bausteine alleine sind für Komplexität nicht besonders aussagekräftig, also die besondere Vielfältigkeit, die die natürliche Evolution hervorgebracht hat. Daher habe ich schon in meiner Habilitationsschrift (Irrgang 1997) das Gerechtigkeitsprinzip für Lebewesen anders begründet als mit der Gleichheit der genetischen Bausteine, sondern mit dem Grundsatz einer Gleichbehandlung unter vergleichbaren Umständen. Evolutionsrelevante Umstände sind Komplexitätsgrade insbesondere des neuronalen Apparates und des Verhaltensrepertoires, also die Ablese-Prozesse der Grundbausteine, also der Genexpression. Dafür ist das Verhältnis genetisch Determinierung und epigenetischer Beeinflussung der Expression aufgrund von Umgebungseinflüssen sowie die Steuerungs-Sequenzen in der sogenannten Müll-DNA der Organismen verantwortlich. Hier sind die Umstände zwischen Mensch und Schimpansen erheblich.

Hinzu kommen der aufrechte Gang mit den Folgen für Gehirnentwicklung, Entstehung von Kehlkopf und Sprache und Jagdverhalten sowie die ganz andere Sozialstruktur, entscheidend für soziale Intelligenz.

Anwachsende Komplexität beginnt in der Evolution mit der im Übergang von der Ein- zur Mehrzelligkeit und vor allem in der präkambrische Revolution die Entwicklung von Bauplänen, einer räuberischen Lebeweise ökologischen Rückkoppelungsprozessen zur Intelligenzsteigerung und Entwicklungen sind des Neuro-Darwinismus allerdings mit dem Auftreten des Phänomens „Red Queen“ (auf die Steigerung der Überlebensfähigkeit eines Mitbewerbers müssen die anderen ebenfalls mit einer Steigerung der eigenen Kompetenzen antworten, sodass sich Vorteile nur momentan ergeben, aber die Kompetenzen insgesamt anwachsen). Die bisher gültigen Ansätze von Wertungen in der Bioethik beriefen sich auf das Glück, die Schmerzfähigkeit oder auf Würde, alles stark anthropozentrisches konzipierte Grundbegriffe, die evolutionär keineswegs überzeugen. Das gilt für die Schmerzfähigkeit aus der Mitleidsmoral eines Montaigne, Bentham oder Schopenhauer oder für die utilitaristische Konzeption der größtmöglichen Anzahl der Glücklichen oder die metaphysische bzw. biologische Natur eines Lebewesens, welches angeblich Würde begründet.

In diesem Buch wird die Komplexität der Verhaltensmöglichkeiten eines Lebewesens in seiner Umwelt als grundlegendes Interpretament für die konkretere Beurteilung der ethische Forderung einer Gleichbehandlung unter vergleichbaren Umständen bei der Bewertung von Lebewesen vorgeschlagen. Anwachsende Komplexität und Nicht-Determiniertheit, also von Autonomie (im Sinne der Autopoiesis-Konzeption, nicht in dem von Kant) geht einher mit der Fähigkeit von Lebewesen zur Entwicklung sozialer Intelligenz oder Sympathien für andere Lebewesen im Sinne von Empathie. Das abgestufte Gerechtigkeitskriterium setzt die Vergleichbarkeit der evolutionären Einbettungsstufe und der vergleichbaren Strände voraus der Gleichbehandlungsverpflichtung unter vergleichbaren Umständen bei allen Lebewesen (Irrgang 1997). Zu diesen gehören beim Menschen auch wissenschaftliche und technologische Fähigkeiten, welche seine Komplexität durch kulturelle Entwicklung noch deutlich vergrößert. Soziales sich Verhalten Können ist eine Form des Umgangs mit dem Leben, das beim Menschen in kultureller Einbettung moralisches Handeln generiert, welches unter wissenschaftliche Einbettungsfaktoren gestellt Fragen der Bioethik aufwerfen kann. Dies könnte unseren Blick auf Life Sciences und Technologie überhaupt verändern. Bisher haben wir Organismen und Lebendiges und uns selbst unter dem Leitbild der Maschine betrachtet. Vielleicht wäre es besser, zukünftige Technologien bionisch und biokybernetisch zu designen. Die Konkretisierung dieses Programms muss aber Gegenstand einer eigenen Untersuchung sein.

3. Der technische Eingriff in die belebte Natur: Aspekte einer Ethik der Life-Sciences und das Leitbild der Nachhaltigkeit in der Umweltethik

Charakteristisch für die Gentechnik und als völlig neue Qualität im Umgang mit der Natur und der Eingriffstiefe in sie galt der artüberschreitende Gentransfer, der in den ersten 40 Jahren dieser neuen Technologie auch noch ungezielt und mit mehr oder weniger mäßigem Erfolg an die richtige Stelle gebracht werden konnte. Dies scheint sich nun durch eine neue Technik des Gentransfers erheblich verbessern zu können, was eine entspanntere theoretische Einstellung zu diesen an neuen Praktiken der Molekular-Biologie herbeiführen könnte. Bereits vor 20 Jahren habe ich in meiner Habilitationsschrift „Forschungsethik Gentechnik und neue Biotechnologie. Entwurf einer anwendungsorientierten Wissenschaftsethik unter besonderer Berücksichtigung von gentechnologischen Projekten an Pflanzen, Tieren und Mikroorganismen“ ein grundsätzliches ethisches Bewertungsschema für Methoden und Projekte der Gentechnologie entworfen. Das Methodenarsenal, für das die TAL-Cut- Technologie jetzt eingesetzt werden soll, wurde von mir damals für die ethische Bewertung der Gentechnologie als besonders dringlich und wichtig herausgestellt. Ich möchte darauf hinweisen, dass ich den methodischen und ethischen Wert dieser Forderung bereits herausgearbeitet hatte, als gezielte Mutagenese noch ein Wunschtraum und nicht realisierbar war. Folgenden Kernsatz möchte ich hier zitieren: „Damit lässt sich eine erste ethische Handlungs-Regel für gentechnische Eingriffe in der Natur formulieren: gezielte Mutagenese ist der ungezielten vorzuziehen, wenn dadurch die Prognostizierbarkeit des folgenden Gentransfers für den Organismus und seine Interaktionen mit seiner Umwelt erhöht wird“ (Irrgang 1997, 214).

Nun wird in den letzten fünf Jahren die gezielte Mutagenese immer deutlicher theoretisch denkbar und technologisch realisierbar. Die TAL-Cut-Technologie hat ein praktikables gezieltes Genom-Engineering für Säuger entwickelt. Sie stellt daher eine gerichtete Genommodifikation dar, mit der sich Eigenschaften von Zellen und Organismen in präziser und nutzbarer Weise steuern lassen. Die Technik beruht auf einer Kombination von DNS-bindenden TAL-Peptid-Bausteinen aus der Pflanzenwelt und Nukleasen-Domänen von Restriktionsenzymen. TAL-Peptid-Bausteine werden von pflanzenpathogenen Xanthomas-Bakterien produziert und können bestimmte Zielgene aktivieren. Anstelle der etablierten Methoden von Gen Targeting sind Zinkfinger Nukleasen (ZFN's) und TALENS als Designer Nukleasen ein umfassendes und fundamentales methodisches und technisches Hilfsmittel der modernen Gentechnologie. Im Vergleich zu den Zink Finger Nukleasen sind TALENS erheblich billiger, deutlich schneller und haben keine Positionseffekte (Nguyen, Fliskowska 2012, 8). Dies erhöht die Prognostizierbarkeit der Auswirkungen des Verfahrens auf das Zielgewebe deutlich.

Die Entwicklung der TAL-Cut- Technologie in den letzten drei Jahren ist schnell vorangekommen, wobei jetzt die Phase der Standardisierung und der Etablierung eines gängigen methodischen Werkzeugs im Rahmen der Gentechnologie erforderlich erscheint (Joung, Sander 2012, 5). So kann ein breites und bisher ungeahntes Spektrum von Einsatzmöglichkeiten erarbeitet werden, um die biologischen Eigenschaften eines Organismus in gewünschter Weise modifizieren zu können. Die weitere Entwicklung zu einem universellen Werkzeug zur gezielten Gen-Modifikation in Säuger-Systemen mit hoher Effizienz erscheint nun ausforschungsethischer Sicht von hoher Dringlichkeit, da diese Methode in der gentechnologischen Forschung auf hoher Sicherheitsstufe viele neue Erkenntnissen im Bereich der Grundlagenforschung, aber auch der angewandten Forschung erwarten lassen. Zudem zeichnet sich eine breite kommerzielle Nutzung auch im medizinischen Bereich, bei der Etablierung von Tiermodellen, der Optimierung von Kulturpflanzen und der Etablierung neuer Medikamente ab. Dabei ist mit der TAL-Cut-Technologie die gezielte Einfügung von Gen-Sequenzen wie die Inaktivierung des Zielgens (Knock-out) mit hoher Präzision möglich. In gewisser Weise steht die neue TAL-Cut-Technologie in der Traditionslinie der Zinkfinger Nuklease-Technik (ZFN), allerdings verbunden mit einer erheblichen Verbesserung der Zielgenauigkeit des Gentransfers. Dies ist aus ethischer Sicht besonders wichtig.

Man kann streiten, ob Umwelt- und Tierethik direkt zur Bioethik gehören. Aber beide sind Teil der modernen Life-Sciences geworden und hängen stark mit der Lebensqualität des Menschen zusammen. Eingebettet in die biologische Lebenswelt gehört diese mit zum Raum der Bedürfnisbefriedigung des Menschen. Saubere Umwelt, Sicherung der Gesundheit, der Ernährung und der Lebensqualität weltweit ist eine zentrale Aufgabe der Wissenschaft, Technologie und Ethik der Life-Sciences. In der Umweltethik manifestiert sich der Streit zwischen den Lebensschützern und den Therapeuten bzw. den Vertretern des Züchtungsgedankens zwischen den Biozentrikern bzw. Holisten einerseits, verschiedenen Formen der Anthropozentrik andererseits. Der Alltagspraxis im Umgang mit Tieren entspringt ein Nutzungsethos. Ein gewisser Pragmatismus und Utilitarismus ist daher auch im Bereich des Tierschutzes angezeigt. Ein Ansatzpunkt für eine ethische Bewertung in diesem Bereich könnte im Ethos menschlicher Leiblichkeit und seiner Einbettung in naturale Vollzüge bestehen. Die Umwelt als transformierte Natur wie als wilde Natur (inklusive von Pflanzen und Tieren) sind Kulturgüter. Eine gewisse kulturspezifische Umgangsform mit Pflanzen und Tieren ist daher durchaus plausibel. In der Tierschutzethik kämpfen die Pathozentriker und Anthropozentriker unter therapeutisch-konstruktivistischer Flagge, auf der anderen Seite stehen Konzeptionen einer Tierwürde oder einer Tierpersönlichkeit (Biozentriker).

Elemente der Nachhaltigkeitskonzeption und Vorläufer von ihnen finden sich bereits in verschiedenen Weltreligionen. Religion ein Gefühl der Macht und der schlechthinnigen Abhängigkeit. Das Verhalten gegenüber der Macht ist Staunen und Scheu, selten Furcht (Leeuw 1970). Macht, die sich insbesondere in Ordnungsstrukturen manifestiert: Tao im Chinesischen, Rita im Indischen, Asha im Iran, Ma-at in Ägypten und Dike im Griechischen. Ordnung bezieht sich auf den Kreislauf der Natur, wobei das Naturgeschehen oft als Schicksal verstanden wird. Im Animismus wird Unbelebtes als beseelt angesehen; Gestalt der Mutter Erde Wesensgemeinschaft zwischen Menschen- und Erdenleben wird hervorgehoben. Geburt und Sterben des Korns und des Menschen gehören eng zusammen. Dies ist der Ansatz des Demeterkultes. Gott ist erst ein Spätling in der Religionsgeschichte. Das heilige Leben ist ein Gemeinschaftsleben, jede Geburt in diese ist ein Wunder und eine Offenbarung von Macht. Der Homo faber hilft mit seinen Werkzeugen dem schwachen Leben auf und manifestiert hierin ebenfalls Macht. Die Jagd ist Raub und beruht auf Überlistung des Gejagten. Für diese Überlistung der Natur in der Jagd, die später auch der Technik zugeschrieben wird, muss der Mensch im Animismus Abbitte leisten und opfern. Im Ahnenkult gibt es einen starken Einfluss der Ahnen. Opfer und Zeremonien sollen die Ahnen zu Gunsten der Lebenden beeinflussen und in die Gemeischaft der Lebenden einbeziehen. Opfer werden dargebracht sowohl vor einer Kopfjagd wie vor einer Handelsreise (Camerling 1928). Letztendlich begründet der Ahnenkult einen kulturellen Konservativismus. Geomantik ist in China unter dem Namen Feng Shui, in Korea als Lehre von Pung'su bekannt (Yoon 2006). Der Grundgedanke dieser Lehre ist, ein Fließgleichgewicht von Energiequellen in der Natur herzustellen (Humphrey, Vitebsky 2002). Geomantie wurde in Europa in der Megalith-Kultur und zuletzt bei den Etruskern (heutige Toskana)praktizier und parallelisierte die Harmonie in der Natur mit der im gesellschaftlichen Leben.

Schöpfungsvorstellungen finden sich im Judentum und Christentum im *Modell 1): Schöpfung als Paradies* in *Genesis* 2 das Modell des Bebauens und Behütens (nicht Bewahrens, wie häufig unzureichend übersetzt wird) und im Zusammenhang mit dem Garten Eden in Gen 1, 20–31 der sog. „Herrschaftsauftrag des Menschen" wie die Vorstellung vom Menschen als „Abbild Gottes". Im Paradies gibt es keine räuberische Lebensweise. *Modell 2*, der *Noahbund*, in Gen 9,1–11 gesteht dem Menschen Fleischgenuss zu, jedoch nicht der Verzehr des Blutes. Denn dieses galt nach hebräischen Vorstellungen als Sitz des Lebens. So entstand das Gebot des Schächtens, die Forderung, nur ausgeblutetes Fleisch zu genießen. *Modell 3*, die *Utopie vom eschatologischen Schöpfungsfrieden:* Hosea 2,20f oder Jesaia 11, 1–10. Diese Modelle knüpfen an das Paradieses-Modell an, verlagern aber seinen Eintritt an das Ende der Zeit (Irrgang 1992, 136–142). Allerdings kann sich der Mensch diesen Schöpfungsfrieden selbst nicht schenken, vielmehr muss er vom Messias mit dem hereinbrechenden Gottesreich erst geschenkt werden. *Modell 4)* entstammt der *Weisheitsliteratur* und findet sich in den großen Lehrdichtungen Proverbia 8, Hiob 28 und Jesus Sirah 24. Andere Werke der Weisheitsliteratur, die aus ägyptischen Quellen stammen, sprechen von der Weisheit als einer schöpfungsimmanenten, personifizierten Größe. Hiob 28 weist darauf hin, dass im Kontrast zu den fast unbegrenzten Möglichkeiten des homo faber der Mensch nicht in der Lage ist, den Fundort der Weisheit zu bestimmen. Eine explizite Schöpfungsethik findet sich im NT nicht. Der wohl am meisten zitierte Text aus dem NT zur Schöpfungsethik ist Röm 8,18–24. Hier entwirft der Apostel Paulus seine auf Christus zentrierte Schöpfungstheologie (vgl. zum gesamten Komplex Irrgang 1992).

Der Islam geht im Hinblick auf Schöpfung von folgenden Grundsätzen aus: 1. Die Einheit der Schöpfung; Das gesamte Universum ist nach göttlichem Plan aufgebaut: Ein jegliches Ding haben wir nach Maß geschaffen (Koran 54: 59). 2. Die Sonderstellung des Menschen im Universum (Koran 15: 29). 3. Der Mensch als Stadthalter Gottes auf der Erde (Koran 2: 30 Koran 6: 165 Koran 35: 39). 4. Weisungsgebundenheit des Menschen. Es gibt keine selbstherrliche Verfügungsgewalt über die Schöpfung. Er hat die Aufgabe, zu schützen und zu pflegen, d.h. die Verpflichtung, die Erde bewohnbar zu machen (Koran 11: 61). 5. Zuwiderhandlungen gegen die göttliche Ordnung bringen Verderben über Land und Meer als Folge dessen, was die Menschen angerichtet haben (Koran 30: 41). 6. Vorrang der Belange des Gemeinwesens. 7. Verwerflichkeit von Verschwendung (Koran 17: 27).

In der chinesischen Naturphilosophie sind zwei unterschiedliche Ansätze dann auch mit differierenden Auswirkungen zu unterscheiden: (1) *Die humanistisch-anthroprozentrische Tradition und Konfuzius*: Im Konfuzianismus werden Mikro- und Makrokosmos einander parallelisiert. Dabei wird die Konzeption zweier Naturwelten zementiert. Die Bearbeitung der Natur gehört zur Natur des Menschen. Vor diesem Hintergrund kann auch die europäische Wissenschaft rezipiert werden. Es gibt zwar keinen Schöpfergott, aber Natur als transzendierende numinose Macht wird anerkannt. Personsein wird hingegen in dieser Traditionslinie nur als Begrenzung verstanden. Konfuzianer waren daher eher Vertreter und prinzipielle Befürworter für eine Herausbildung der Kultur bzw. Technologie aus einer als feindlich empfundenen Naturwelt. Diese Traditionslinie wird wohl anthroprozentrisch genannt werden dürfen. (2) Der *Taoismus*: Das Tao ist der Weg, die Methode. Das Motiv einer Ehrfurcht vor der Natur ist eher in den taoistischen Konzepten zu finden. Allerdings ist auch der chinesische Universalismus in seiner Abstraktheit, der von einer Einheit von Yin und Yang ausgeht, kaum in der Lage, Lösungen für konkrete ökologische Probleme anzubieten. Der Taoismus hat seine Chancen und Grenzen im individuellen Zugang zum menschlichen Leben. Er formuliert in der Grundtugend der Gelassenheit eine Konzeption des Handelns ohne zu Handeln. Diese Konzeption impliziert, sich in den Rhythmus der Natur fallen zu lassen und sich von der Natur leiten zu lassen. Gemäß dem Taoismus finden alle Dinge spontan den ihnen angemessen Wege, nur der Mensch nicht. Daher bedarf er der ethischen Anleitung (Roetz 1984).

In Indien gibt es Naturkonzeptionen im Hinduismus, Jinismus und im Buddhismus. Im Hinduismus heißen Visnu und Laksmi die beiden Prinzipien im Visnuismus, Siva und Kali die beiden Prinzipien im Sivaismus. Die beiden haben eine gemeinsame Essenz, die die Natur Gottes ausmachen, aber sie sind nicht dasselbe, weil sie in verschiedener Art und Weise das männliche und das weibliche Prinzip in der Schöpfung ausmachen. Gott besteht in dieser Beziehung zwischen den zwei Prinzipien, die in vollkommener Harmonie besteht. Die altindische Idee der Wissenschaft der Astrologie basiert auf der Idee, dass alles in der Natur miteinander verbunden ist. Die Karma-Lehre verbindet Wiedergeburtsidee und Seelenwanderungsvorstellung mit dem Leben in Kasten. Der Hinduismus ist ein buntes Gemisch religiöser Riten, Traditionen, Schriften und Gebräuche, wie es sich auf dem indischen Subkontinent in einer mehr als dreitausendjährigen Geschichte herausgebildet („Hinduismus“ abgeleitet vom Fluss „Indus“). Zentral ist die Suche nach dem eigenen Dharma (Lebensgesetz) als Lebensaufgabe und die Befolgung von Ahimsa: der Nichtschädigung, dem Tötungsverbot und dem Vegetarismus der Brahmanen.

Im Jinismus herrscht die Grundstimmung der Nichtigkeit des Samsaras, des Rades der Wiedergeburten und der Wesenlosigkeit dieses Zusammenfließens der Welt. Daher ist der Mensch bestrebt, dem zu entgehen und Erlösung (moksa) zu erlangen. Dies gelingt durch strengste Befolgung der Mönchsregeln, so dass das Karma theoretisch gleich Null wird. Eine Schädigung von Lebewesen ist weitgehend zu vermeiden. Dies impliziert große Vorsicht beim Essen, Gehen usw. Ethische Forderungen wie Demut, Fasten Wahrhaftigkeit müssen eingehalten werden. Im buddhistischen Verständnis ist die Natur dynamisch: es gibt keine Dinge, sondern nur Prozesse. Die buddhistische Lehre richtet sich gegen alle Gier und den Konsumismus. Die Kultivierung von Mitleid und Sympathie mit allem Leben ist die Intention der buddhistischen Ethik. Von Buddhisten werden alte große Bäume gemäß dem Vorbild des Erleuchteten verehrt. Auch für Buddha war der Meditationsraum Natur die Umgebung seiner fundamentalen Einsicht. Die buddhistische Grundhaltung gegenüber der Natur manifestiert sich in einem praktischen Verhalten: die Nutzung der Natur ist erlaubt, aber der Schutz vor einer Übernutzung muss gewährleistet sein (Bareau, A. u. a. 1964; Batchelor, M., K. Brown 1994, De Santis 1995; Irrgang 2006).

In den Industrienationen ist die Technikgläubigkeit der letzten 150 Jahre einer nicht zu übersehenden Technikskepsis gewichen, die den Ruf nach einem „Zurück zur Natur“ zu rechtfertigen scheint. Natur und Natürlichkeit sind die neuen Schlagworte. Aber von der als Natur belassenen Natur wird erwartet, dass sie kultiviert ist, eben ein Paradies: sicher und sauber. Diese Bevorzugung der Natur gegenüber allem Gemachten findet heute überall seinen Ausdruck. Dabei ist die Berufung auf Natur alles andere als selbstverständlich. Die Entgegensetzungen Natur und Setzung, Natur und Technik, „natürlich“ versus „gekünstelt“ und „verderbt“ sowie „ursprünglich“ versus „zivilisiert“ gaben dem klassischen Naturbegriff seine Kontur. Sie sind noch heute wirksam als Unterstellungen, wo immer man sich auf Natur beruft. Es könnte aber sein, dass diese Unterstellungen nicht mehr legitim sind, weil die genannten Dichotomien und Entgegensetzungen nicht mehr greifen. Der Naturbegriff erhält dadurch etwas Unbestimmtes, die Berufung auf Natur wird zur Ideologie, im wörtlichen Sinne zum falschen Bewusstsein. Man beruft sich auf Natur als auf etwas Selbstverständliches gerade in dem Moment, wo Natur sich nicht mehr von selbst versteht. Angesichts des drohenden Verlustes von Natur soll Natur konserviert werden, aber die zu konservierende Natur ist Kultur und nicht Natur. Also müssen die gemeinsamen Gründe für die Respektierung der Umwelt im kulturellen Bereich gesucht werden.

Traditionellerweise werden vier Typen Umweltethik unterschieden (Irrgang 1992; Irrgang 1998c): (1) verschiedene Spielarten von Anthropozentrik und (2) die Position der Zukunftsethik, die sich als Verantwortung für zukünftige Generationen begreift. Nicht-anthropozentrische Ansätze spalten sich auf in Versionen (3) der Biozentrik und (4) der Physiozentrik bzw. Tiefenökologie (deep ecology). Beachtenswert ist, dass die ersten beiden Positionen im Hinblick auf ihre Hintergrundrechtfertigung auf je unterschiedlichen Interpretationen eines Handlungsbegriffs beruhen, nämlich Typ (1) Motivation bzw. Intention des Handelns bewertet, Typ (2) hingegen auf die Folgen des Handelns rekurriert. Die Positionen (3) und (4) benutzen einen je unterschiedlichen Bereich der Natur als Legitimationsinstanz, nämlich Tiere und Lebewesen (3) und die gesamte Natur (4). Nicht zu den Ethiken zu zählen sind die verschiedenen Formen des Egoismus wie rationaler Egoismus, Gruppen-Egoismus oder Gattungsegoismus oder Speziezismus.

Tab.: Typologie herkömmlicher Umweltethiken

(1) Die klassische Anthropozentrik, betont in der Ethik das Universalisierungsargument und die Selbstzweckformel.
(2) Die Zukunftsethik, eine moderne Version der Anthropozentrik oder die Konzeption der intergenerationellen Verantwortung.
(3) Die Biozentrik, die Tieren Bewusstsein zuspricht und Pflanzen Empfindungsfähigkeit. Alle Lebewesen sind berücksichtigungswürdig. Eine besondere Bedeutung erhielt die Grundhaltung einer Ehrfurcht vor allem Leben, wie sie in der Ethik Albert Schweitzers formuliert wurde.
(4) Die Physiozentrik oder ein naturphilosophischer Holismus, in neuerer Zeit die „Tiefe Ökologie“ (deep ecology).

Position (1), die klassische Anthropozentrik, betont in der Ethik das Universalisierungsargument und die Selbstzweckformel. Anthropozentrik bedeutet bei Kant trotz der hohen Bewertung menschlicher Autonomie nicht lieblose, zerstörerische Herrschsucht gegenüber der Natur. Die fundamentale Unterscheidung Kants und zugleich das Charakteristikum für eine anthropozentrische Ethik ist: Der Mensch kann nur Menschen oder sich selbst gegenüber Pflichten haben. Verpflichtungen gegenüber anderen Lebewesen werden nicht anerkannt, höchstens in Ansehung von Tieren. So vertritt auch herkömmliche Anthropozentrik keinen willkürlich-ausbeuterischen Umgang mit der Natur. Allerdings gilt als Verpflichtungsinstanz das moralische Subjekt, nicht die Natur. Klassische Anthropozentrik betont daher den Tier-Mensch-Unterschied. Genau genommen steht im Zentrum das Sittengesetz, die Vernunft in praktischer Hinsicht.

Eine Anthropozentrik im eigentlicheren Sinn des Wortes, aber weniger im Sinne einer Umweltethik, vertreten darüber hinaus diejenigen, die menschlichen Nutzen oder menschliche Bedürfnisse zum Grundsatz der Interessensabwägung machen. Hier ist insbesondere das Konzept des rationalen Egoisten zu erwähnen, der im Sinne des Überlebens seiner Person oder des Prinzips der Nützlichkeit sein eigenes Leben schützt oder das seiner Kinder schützen möchte, sofern er welche hat, vielleicht auch Angehörige oder Freunde, möglicherweise seine Nation. Den Umfang der anerkannten Schutzverpflichtungen bestimmt die Art und Weise der Aufgeklärtheit des Egoisten. So wird in der Regel keine Rücksicht gegenüber der Natur oder gegenüber von Teilen der Natur anerkannt, da diese keine Wechselseitigkeit gewähren. Und ohne dieses Motiv ist der aufgeklärte Egoist nicht bereit, etwas zu tun.

(2) Eine moderne Version der Anthropozentrik, die den Zeithorizont der Ethik einbezieht und damit utilitaristische Bewertungsaspekte berücksichtigt, ist die Zukunftsethik oder die Konzeption der intergenerationellen Verantwortung von Dieter Birnbacher. Zukunftsaspekte haben im Rahmen der Vorsorge und Planungstheorie am Rande zwar immer eine Rolle gespielt, standen aber nicht im Zentrum der Ethik. Die Schwierigkeiten im Begriff der Zukunft sind nicht gerade gering (vgl. Birnbacher 1988, 23). Sie hängen mit der Frage zusammen, wie weit sich eine teleologisch zu bestimmende Verantwortung erstreckt und wo sie ihre Grenzen finden soll. Die Grenze wird nach Birnbacher bei n + 3 Generationen liegen, weil das Wagnis eines grundlegenden Wertewandels bei einer längeren Zeitspanne zu groß werde. Angesichts der Unsicherheit und Unüberschaubarkeit von Folgen empfiehlt sich eine Heuristik der Furcht. Der von Utilitaristen vorgeschlagene Bewertungsgesichtspunkt ist dabei, ob Substitute für interessierende Merkmale zur Verfügung stehen. Selbst das Aussterben einer Art ist kein echter Verlust, wenn sämtliche Funktionen von anderen Arten übernommen werden können (vgl. Birnbacher 1988, 74f).

(3) Den methodischen Schwierigkeiten in der Bestimmung und Zuordnung der Leidensfähigkeit entgehen die Vertreter der Biozentrik. Um die argumentative Rechtfertigung dieser Position bemüht sich Tom Regan. Zentraler Ausgangspunkt für ihn ist der Streit, ob und in welcher Weise Tieren Bewusstsein zugesprochen werden muss (vgl. Regan 1983, 99). Ein exakter Beweis ist nicht möglich. Das Kriterium zur Unterscheidung von bewussten und unbewussten Tieren ist die Ähnlichkeit mit uns, so dass es vernünftig erscheint, bei Säugetieren ein relativ komplexes Bewusstseinsleben anzunehmen. Regan sieht den Unterschied im Bewusstseinsleben von Tier und Mensch nur als graduell und nicht als wesensmäßig an. Auch Tiere haben eine bestimmte Autonomie, da sie Präferenzen ausdrücken können (vgl. Regan 1983, 83f). Damit müssen ihnen auch Wohlergehens- und Vorzugsinteressen zugebilligt werden. Regans Grundmaxime lautet: Sowohl

Menschen wie Tieren soll ein gutes Leben ermöglicht werden, insgesamt betrachtet. Auf jeden Fall haben Tiere basale biologische Bedürfnisse oder Interessen. Leiden ist nicht mit Schmerz identisch, es ist allerdings nicht exakt zu bestimmen. Schmerz ist nicht der einzige Schaden, den wir Tieren zufügen können, wie ihre Farmhaltung beweise. Daher fordert eine biozentrische Ethik eine väterliche Behandlung von Tieren wie Kindern. Warum aber eine Präferenz sittlich gut und berücksichtigenswert ist, versäumt Regan aufzuzeigen.

Eine besondere Bedeutung erhielt die Grundhaltung einer Ehrfurcht vor allem Leben, wie sie in der Ethik Albert Schweitzers formuliert wurde (vgl. Teutsch 1985, 42–40). Allerdings tauchen enorme Schwierigkeiten auf, wenn man konsequent gemäß dieser Haltung leben möchte. Sie ist im strengen Sinne nicht lebbar (vgl. Irrgang 1992, 58f). Ehrfurcht ist zudem eigentlich eine religiöse, zumindest keine spezifisch sittlich Grundhaltung. So könne man auch Ehrfurcht vor Viren haben, aber wo Viren Menschen schädigen oder gefährden, bekämpfen wir sie mit gutem Grund und ohne Schuldgefühl (vgl. Brockhaus 1975, 120–122). So kann Ehrfurcht nicht der einzige Maßstab einer Umwelt- oder Tierschutzethik werden.

(4) Noch umfassenderen Schutz für die Natur fordern die Vertreter der Physiozentrik oder des naturphilosophischen Holismus bzw. der „deep ecology“. Meyer-Abichs naturphilosophischer Holismus geht von der Erkenntnis aus, dass wir selbst ein Teil der Natur sind, die wir erkennen (vgl. Meyer-Abich 1984, 25). Im Anschluss an Heidegger und Heraklit kritisiert Meyer-Abich den neuzeitlichen Dualismus von Subjekt und Objekt, von Sein und Sollen. Gemäß Heraklits Diktum fordert er, dass wir die Natur in uns wieder zu Wort kommen lassen sollten (vgl. Meyer-Abich 1979, 238). Der griechische Begriff der Physis, des Wachsens, sei ein normativer Begriff gewesen, der dem Konzept neuzeitlicher Naturwissenschaft verloren gegangen sei. Das Programm eines Friedens mit der Natur geht von der Suche nach einem Erhaltungswissen, einer Wiederbelebung der Sinne, einer Schulung der Sinne im Kunsterleben und der Propagierung des Gartens als Keimzelle der Erneuerung der Natur aus (vgl. Meyer-Abich 1986, 106). Doch muss sich dieses Programm fragen lassen, inwiefern der es tragende sehr konservative Zug den Erkenntnissen der Evolutionstheorie gerecht wird oder ob hier nicht doch unter der Hand menschliche Interessen einer

Konstant Erhaltung der Umwelt zum entscheidenden Kriterium erhoben werden.

Bereits 1972, als der norwegische analytische Philosoph Arne Naess den Ausdruck „deep ecology“ prägte, ging es darum, die anthropozentrische Orientierung der westlichen Ethik und Politik von Grund auf zu revolutionieren. Man sollte die Einengungen und Zwänge der Industriegesellschaft hinter sich lassen. Dabei fällt der utopische Charakter vieler tiefenökologischer Zielvorstellungen auf. Eine kritische Reflexion des Problems ergibt, dass die Natur und insbesondere Systemganzheiten wie Landschaften, Ökosysteme und biologische Arten nichts an sich Seiendes sind, sondern Konstrukte, in die menschliche Wahrnehmungsweisen, kulturelle Interpretationen und wissenschaftliche Konventionen eingehen. Interessant ist die insbesondere von Bryan Norton vertretene Konvergenzhypothese, der zufolge sich die ökologisch ethischen Schulen lediglich in ihren Begründungsprinzipien, nicht aber in ihren normativen Konsequenzen unterscheiden (vgl. Birnbacher 1997, 10–14). Die Tiefenökologie bemüht sich zuallererst, Alternativen zu den konventionellen Denkschemata des modernen Westens aufzuzeigen und zu diskutieren. Tatsächlich aber lässt sie sich als Wiederbelebung eines alten Dualismus verstehen und muss aus der Perspektive neuzeitlicher Ethik als unwissenschaftlich angesehen werden.

Der Begriff des „sustainable development“, der „nachhaltigen Entwicklung“, wurde durch den Brundtlandreport publik gemacht. Er meint zunächst dauerhafte Entwicklung, kann aber auch mit dem Konzept der Tragfähigkeit oder Belastbarkeit von Ökosystemen verbunden werden (vgl. Irrgang 2003c). In der Begriffsgeschichte von „Nachhaltigkeit“ wurde zunächst das systemtheoretische Modell des Regelkreises (Kreislaufwirtschaft und Recycling) zugrunde gelegt. Traditionelle Erhaltungs- und Bewahrungsmodelle sind abzugrenzen von Nutzungsmodellen, die eine Nutzung von natürlichen Ressourcen ethisch nur dann für vertretbar halten, wenn die Folgen dieser Verwendung nicht künftigen Generationen jede Nutzung unmöglich macht. Die Nutzung muss kompensiert werden können, entweder durch natürliche Entwicklung oder durch menschliches Handeln.

Der Begriff forstliche Nachhaltigkeit wird am Übergang vom 17. ins 18. Jahrhundert aus der Sorge vor einer drohenden bzw. einer existierenden Holznot in Mitteleuropa als Folge von Waldzerstörungen und Übernutzungen, aber auch bedingt durch den steigenden Lebensstandard und später durch den Beginn des industriellen Zeitalters begründet. So führte der mit dem Zeitalter der Aufklärung verbundene Glaube, einen Fortschritt der Menschheit durch vernunftgeprägtes Handeln zu einer Erstarkung der theoretischen Wissenschaften. Zukunft musste nun im Geist der Aufklärung gestaltet werden. Die frühe Prägung des Begriffs ist kaum auf eine besondere Weitsichtigkeit der Förster zurückzuführen, sondern auf die besonderen Schwierigkeiten im Umgang mit der natürlichen Ressource Wald. Die Bewirtschaftung der Wälder erfordert ein langfristiges, über menschliche Generationen hinauszielendes Planen. Die Entwicklung des Begriffs forstliche Nachhaltigkeit ist aber auch untrennbar mit dem damals in Mitteleuropa vorherrschenden Wirtschaftssystem des Merkantilismus und, in seiner deutschen Ausprägung, des Kameralismus verbunden. Er und seine auf den „gemeinen Nutzen" orientierte Sichtweise führte dazu, dass auch in der Forstwirtschaft individuelle Nutzungsinteressen zugunsten des gemeinsamen Staatswohlstandes zurückgedrängt wurden. Die vermutlich erste Erwähnung des Begriffs in Zusammenhang mit der Forstwirtschaft fällt auf das Jahr 1713 (vgl. Schanz 1996, 26–30).

Der Erhalt bzw. die Kontinuität von für den Produktionsprozess notwendigen Ressourcen setzt allerdings voraus, dass diese sich auch eine ausreichende Zeit erhalten lassen oder relativ unbegrenzt sind. Neben der Landwirtschaft finden sich die grundlegenden Begriffsinhalte vor allem auch in der Fischereiwirtschaft, in der Wasserwirtschaft, der Energiewirtschaft und der Jagdwirtschaft wieder, wenngleich der Begriff Nachhaltigkeit teilweise erst sehr spät explizit in die entsprechende Literatur eingeführt wurde. Im Gegensatz zu der häufig vertretenen Meinung hat die Karriere des Begriffs Nachhaltigkeit in der Umweltdiskussion auf volkswirtschaftlicher und politischer Ebene ihren Ursprung nicht in der Forstwirtschaft und entwickelte sich weitgehend unabhängig davon (vgl. Schanz 1996, 31–35). Der aufkommende Wirtschaftsliberalismus bewirkte, dass auch in der Forstwirtschaft zunehmend von gemeinwirtschaftlichen Zielsetzungen abgerückt wurde. Entsprechend der Zeit des kapitalistischen Positivismus in der Mitte und gegen Ende des 19. Jahrhunderts verschoben sich die Inhalte von forstlicher Nachhaltigkeit immer mehr von der Steuerung rein naturaler Größen hin zu Aspekten der Maximierung des finanziellen Waldertrages (vgl. Schanz 1996, 40f). Heute lassen sich im Rahmen forstlicher Nachhaltigkeit betriebswirtschaftliches, ökologisches und soziales Teilziel unterscheiden. Wege und Spuren sind sehr häufig der Ausgangspunkt für Bodenerosion, die als wichtigste Ursache nachhaltiger Verschlechterung der Bodenfruchtbarkeit angesehen wird. Erst einmal erodierter Boden ist für immer verloren. Aber auch ein verdichteter Boden zeigt über lange Zeit seine Schadsymptome.

Eine erste – philosophische – Komponente des Nachhaltigkeitsbegriffes zielt auf den Nutzen für zukünftige Generationen ab. Das zugrunde liegende philosophische Prinzip ist das der Langzeitverantwortung. Die traditionelle Ressourcen- oder Umweltökonomie diskutierte den Nutzen für zukünftige Generationen mit abnehmendem Gewicht gemäß der Verzinsung. Das Konzept des „sustainable development" geht aber streng nach dem Gleichheitsprinzip vor und bewertet Bedürfnisse zukünftiger Generationen gleich den gegenwärtigen Bedürfnissen. Allerdings wissen wir nicht genau – abgesehen von den Mitteln zur Befriedigung biologisch-basaler Bedürfnisse -, welche Bedürfnisse zukünftige Generationen haben werden. Zudem kennen wir nicht den Stand zukünftiger Technik und damit auch nicht die Ressourcen, die diese nutzen möchten; neue Techniken machen den Untergrund von Städten zu Rohstoffquellen. Das Kriterium der „zukünftigen Generationen" sollte daher in besonderem Maße eine vorausschauende Ressourcenökonomie begründen und auf Nutzungsminimierung von Ressourcen drängen. Neben den naturwissenschaftlich-ökologisch orientierten gibt es einen geschichtsphilosophischen Nachhaltigkeitsbegriff. Er impliziert die Suche nach einem anderen, reflexiven, einen sich selbst modernisierenden Entwicklungspfad. Die Berücksichtigung der kulturellen Dimension des Nachhaltigkeitskonzeptes durch die Betonung der geschichtsphilosophischen Bedeutsamkeit dieses Leitbildes zeigt die Spannungsmomente auf zwischen Lebens-, d.h. Alltagswelt, und technologischer Globalisierung, die eine Reihe von ökologischen Problemen aufwirft. Fragen der Gerechtigkeit sind im Leitbild Nachhaltigkeit in vielfacher Form impliziert. Sie betreffen die Verteilung von Nutzen und Lasten zwischen heute und zukünftig lebenden Generationen und zwischen armen und reichen Nationen. Schließlich soll das Leitbild eine Entwicklung befördern, die auch den Belastbarkeitsgrenzen zumindest der fundamentalen ökologischen Kreisläufe gerecht wird (vgl. Irrgang 2003c; Irrgang 2002c; Irrgang, B. 2008c; Irrgang 1994).

Einige ungelöste Probleme der Nachhaltigkeits-Leitidee hängen damit zusammen, dass es sich zunächst um kein wissenschaftlich ableitbares

Konzept, sondern um eine normativ politische und kulturelle Leitidee handelt. Wer zudem glaubt, aus dem Konzept nachhaltiger Entwicklung als einem ethisch-geschichtsphilosophischen Entwurf direkt-deduktiv konkrete Handlungsanweisungen ableiten zu können, sieht sich enttäuscht. Weder Tragekapazitäten von Ökosystemen noch die Bedürfnisse zukünftiger Generationen noch internationale Gerechtigkeit sind ethische Prinzipien oder Kriterien, aus denen man eindeutige und für alle gültige Normen ableiten könnte. Aber dazu sind Leitbilder auch nicht in der Lage. Vielmehr sind Leitbilder Generatoren für Interpretationsverfahren und Suchstrategien nach dem richtigen Weg zur Realisierung eines ökologisch orientierten Humanismus, der interkulturell tolerant davon ausgeht, dass nicht nur ein Weg zum Heil führt (Irrgang 2002f).

Der Terminus Ökologie wird 1866 von Ernst Haeckel in seinem umfassenden zweibändigen evolutionsbiologischen Werk „Generelle Morphologie" eingeführt. Dabei wird die Beziehung des Organismus zur Außenwelt als zentral gesehen. Einen weiteren wichtigen Schritt stellt K. Möbius' Definition der Biozönose dar (vgl. Zirnstein 1996, 177). Diese wurde insbesondere durch Einsichten in das Wirkungsgefüge der Faktoren in Gewässern erarbeitet. Die Konservierung ursprünglicher und extensiv bewirtschafteter Natur realisierte sich anfänglich als Natur- und Landschaftspflege. Der Landschafts- und Naturschutz wurde aus kulturellen Gründen eingeführt. Er führte zu Nationalparks und zum allgemeinen Heimatschutz nicht zuletzt auch im Rahmen der Wanderbewegung. Größere und deutlichere Umweltschäden sind etwa ab 1950 festzustellen. Zu diesem Zeitpunkt wird auch die Gefährlichkeit von DDT und Atrazin erkannt (vgl. Zirnstein 1996, 271). Folgende 25 ökologische Konzepte gelten als relativ grundlegend: Ökosystem, Sukzession, Energiefluss, Erhalt von Ressourcen, Wettbewerb, Nischen, Materialfluss, Gemeinschaften, Überlebensstrategien, Ökosysteminstabilitäten, Nahrungsketten, ökologische Anpassung, Umweltdiversität, Artverschiedenheit, dichteabhängige Regulationen, begrenzende Faktoren, Tragekapazität, Tragekapazitätsgrenze, Bevölkerungszyklen, Jäger-Beute-Interaktionen, Pflanzen, Pflanzenfresserinteraktionen, Inseltheorie, Nahrungsketten, Bioakkumulation, Koevolution und stochastische Prozesse (vgl. Peters 1991, 75).

Ökologische Theoriebildung ist gekennzeichnet durch mangelhafte Fähigkeit zur Prognostik. Dies aber schmälert nicht ihren heuristischen Wert für gegenwärtige wertbezogene Entscheidungen. Allerdings sind dabei Nützlichkeitsentscheidungen auch heute apriori nicht unsittlich. Die Vagheit in der Definition von Merkmalen verhindert zwar einen ökologischen Reduktionismus, der als methodisches Ziel durchaus legitim wäre, sie verhindert aber nicht jede wissenschaftliche Unterstützung von Wertentscheidung im Hinblick auf die Erhaltung einer natürlichen Umwelt. Kann Ökologie als Wissenschaft helfen, praktische Umweltprobleme zu lösen? Um praktische Probleme des Umweltschutzes oder der Vorsorge zu lösen, ist die Kenntnis der Arten vor Ort wichtiger als eine allgemeine ökologische Theorie. Bottom-up-Ansätze sind fruchtbarer als Top-down-Ansätze. Die Ökologie ist daher eher eine Wissenschaft der Fallstudien und der statistischen Abschätzung als eine Wissenschaft genereller naturwissenschaftlicher Gesetze (vgl. Shrader-Frechette/Mc Cooy 1993, 1). Ökologie ist also Grundlage für Umweltethik und Umweltpolitik.

Ökologische Stabilität und Integrität spielen dabei eine zentrale Rolle. Dabei sollte Ökologie nicht als Metaphysik benutzt werden, die ein Weltbild oder eine Ethik bereits an sich impliziert. Ökologie ist nicht die umfassende theoretische Basis zur Begründung umweltpolitischer Entscheidungen, obwohl sie in dieser Frage durchaus heuristische Kraft hat (vgl. Shrader-Frechette/Mc Cooy 1993, 2f). Viele ökologische Konzepte sind implizit normativ, sie gehen von Nützlichkeits- oder Gesundheitsvorstellungen aus. Diese müssten dann auf ihren ethischen Wert noch einmal befragt werden. Dabei ist die Schwierigkeit nicht zu übersehen, entsprechende Gesetze und Theorien über unterschiedliche Fälle zu entwickeln, von denen nicht zwei gleich oder ähnlich in allen relevanten Aspekten sind. Deshalb muss man die schwierige Modellbildung in der Ökologie anerkennen (vgl. Shrader-Frechette/Mc Cooy 1993, 9f). Die Schwäche der Ökologie scheint Ökopessimisten zu unterstützen. Die schlechte Operationalisierbarkeit und die mangelnden Prognosefähigkeiten sollten allerdings nicht in ihrer Bedeutsamkeit überschätzt werden. Das Problem ist nicht die Schwäche unseres ökologischen Wissens, sondern der fehlgeschlagene Versuch, auf dieser Basis im Sinne des Umweltschutzes zu handeln. Werte sind in der Umweltschutzdiskussion erforderlich, um die Resultate zu interpretieren, die die Ökologie bei aller Schwachheit anzubieten hat. Interpretation ist also unverzichtbar, wenn Ökologie eine Bedeutung haben soll (vgl. Shrader-Frechette/Mc Cooy 1993, 111–113). Damit aber sind die Ergebnisse ökologischer

Modellbildungen nicht selbstverständlich, wie dies gelegentlich von Umweltschützern unterstellt wird.

Biodiversität als Vielfalt des Lebendigen – im Deutschen als Artenvielfalt angesprochen – gilt vielen Bürgern als ein vermeintlich unmittelbar erfahrbarer Indikator einer in sich intakten und menschengerechten Natur. Es ist jedoch durchaus unklar, was man unter der Vielfalt des Lebendigen zu verstehen und anhand welcher Kriterien und Grundlagen man diese Vielfalt zu beurteilen hat. Insgesamt zeigt sich über die Erdzeitalter hinweg, dass die Paläobiodiversität weder durch Hintergrundereignisse noch durch exogene Katastrophen vollständig ausgelöscht oder nachhaltig geschädigt wurde. Zwar sind Lebewesen nicht nur als einzelne Arten, sondern auch als höhere taxonomische Kategorien wie Familien oder Ordnungen ausgestorben, doch war dies stets eine Begleiterscheinung für die Entwicklung des Lebens auf der Erde, bei der Diversitätsabnahmen anschließenden Diversitätszunahmen vorausgingen. Auch wenn bestimmte Arten, Familien oder Ordnungen für immer von der Erde verschwunden sind, hat dies nicht zu einer nachhaltigen Schädigung der organismischen Welt insgesamt geführt.

Massenaussterben von Arten sind auf große Ereignisse wie auf Plattentektonik, auf Meeresspiegelstände und auf Umpolung des Magnetfeldes sowie auf Vulkanismus und auf Meteoriteneinschlag zurückzuführen (vgl. Janich u.a. 2001, 70–99). Heute könnte der Treibhauseffekt einen solchen Faktor darstellen, nach meinem Dafürhalten genauer die Versauerung der Ozeane. Der Übergang vom Soda-Ozean zum Salz-Meer war einer der evolutionären Hintergründe für das Anwachsen der Komplexität des Lebendigen. Dabei lassen sich für Arten ein Eigenwert und ein instrumenteller Wert unterscheiden. Biodiversität hat einen gewissen Produktionswert, wobei die Wertsetzungsproblematik der Biodiversität im Zusammenhang mit der Naturschutzproblematik zu sehen ist. Biodiversität und Artenschutz sind begründbare ethische Forderungen, insbesondere wenn man unser Nichtwissen über die meisten biologischen Arten und die Vorsichtsregel berücksichtigt, aber kein absolutes Gebot.

Schutzrechte, Risiko-Nutzen-Überlegungen, öffentliche Bedürfnisse und Prävention lassen sich auch auf teilweise unsicherem Wissen begründen. Die Ergebnisse müssen dann allerdings revidierbar gehalten werden. In diesem Zusammenhang stellt sich die Frage nach der Priorität der öffentlichen Entscheidungen in Fragen des Umweltschutzes. Bestimmt werden muss, worin ein nicht kompensierbarer Schaden besteht, warum ein Umweltschaden ein öffentliches Risiko darstellt und warum nichtreparable Schäden und Opportunitätskosten ökonomischer Entwicklung meist nicht berücksichtigt werden. Dabei ist z.B. zu entscheiden, ob die Rettung von 40 Exemplaren einer gefährdeten Unterart enorme ökonomische Aufwendungen wert ist. In Mitteleuropa, wo der Mensch sofort nach der Eiszeit in die Systeme und ihre Entwicklung eingriff, ist der Mensch Bestandteil des Ökosystems. Viele Ökosysteme sind zumindest abhängig vom Klima. Und hier wird der Mensch zum bedeutendsten Evolutionsfaktor der Naturgeschichte. Wir müssen uns eingestehen, dass der Begriff der „potentiell natürlichen Vegetation" eine Fiktion darstellt, denn wir haben keine reale Vorstellung davon, wie die Landschaft vor dem groß angelegten Eingriff des Menschen ausgesehen hat (vgl. Remmert 1984, 195–197). Dabei bedeutet der Eingriff des Menschen häufig die Betonung einzelner Faktoren und eine Absenkung der Diversität.

Mithilfe der Vorsichtsregel lässt sich auch ein Arten- und Naturschutz ethisch begründen, ohne dass auf den Interessenbegriff zurückgegriffen werden muss. Denn bestimmte Arten und ihr Vorkommen sind Bedingungen für die Stabilität ökologischer Kreisläufe. Wenn sich ein neues Gleichgewicht einstellt, kann das alte nicht wieder erreicht werden. Zudem besteht eine gewisse Unsicherheit, welches Gleichgewicht sich denn nun einpendelt. Aus Vorsichtsgründen sind Arten nicht auszurotten. Allerdings ist diese indirekte Begründung von Artenschutznormen dann ein Kulturprinzip. Dieses setzt eine Einigung darüber voraus, was wir denn als Natur haben wollen. Hierbei ist Artenvielfalt als ein ethisch relevantes ästhetisches Kriterium zu berücksichtigen. Zwei Handlungsregeln lassen sich zur Erfüllung dieses Zieles in Zusammenhang mit der Verantwortbarkeitsregel rechtfertigen: (1) Das Verschlechterungsverbot als Verpflichtung zur Vermeidung all dessen, was zu weiterem Artenverlust führt, es sei denn ethisch relevante Gründe sprechen dagegen. (2) Ein Sanierungs- und Verbesserungsgebot für Biotope, das Artenschutz weitmöglich garantiert. Die Forderung, das Gesamtökosystem Erde in eine Folgenabschätzung einzubeziehen, dürfte unerfüllbar sein. Ein solches Weltmodell hat J. E. Lovelock unter dem Namen „Gaia" (Lovelock 1979) in einigen Grundzügen beschrieben. Er sieht die Welt aus einer Reihe von fundamentalen Regulationskreisläufen konstituiert, zu deren wichtigsten er den Temperatur-Klima-Kreislauf rechnet (vgl. Lovelock 1979, 57). Lovelock kommt zu der pessimistischen Prognose, dass unser Nichtwissen über die möglichen Folgen unserer Handlungen so groß ist, dass brauchbare Prognosen meist nicht möglich seien (vgl. Lovelock 1979, 138). Diese Behauptung ist aber ein wenig zu generell und unterstellt, dass alle denkbaren Folgen eines Eingriffs vor der Entscheidung bekannt sein müssten.

Ebenenmodell der Umweltethik

1. Langzeitverantwortung 2. Zukunftsverantwortung, Vorsichtsregel, Nicht-Schadens-Regel, Nachhaltigkeit, Biodiversität 3. Verantwortung für zukünftige Generationen, Umweltverträglichkeit, Sozialverträglichkeit; Humanverträglichkeit (z. B. Gesundheit); internationale Gerechtigkeit; Wiederherstellung und Ausgleich, abgestufte Gleichbehandlung, Erhaltung ursprünglicher Natur 4. Gesundheitsnormen, Umweltstandards, Verschmutzungsgrenzen; Auflagen für das Betreiben technischer Anlagen, Biodiversitätsnormen, Klimaschutz- und Naturschutzverordnungen

Fundamentale bereichsspezifische Handlungsregeln auf der Basis einer hermeneutischen Ethik:

1. Die allgemeine Folgenberücksichtigungs-Regel, die alle Betroffenen einer Handlung als berücksichtigenswert betrachtet. Sie kann auch Verantwortbarkeitsregel genannt werden; 2. Die Gleichbehandlungs-Regel, die aufgrund des Fairnessprinzips eine Gleichbehandlung aller Betroffenen unter vergleichbaren Umständen empfiehlt; 3. Die Nicht-Schadens-Regel, die im Hinblick auf die Folgenabschätzung zu weitgehender Schadensvermeidung bei den Betroffenen verpflichtet;

4. Die Verbesserungs-Regel oder die Wohlfahrtsregel, die auf weitmögliche Verbesserung der intendierten Handlungsfolgen im Vergleich zu bestehenden Zuständen, Verfahren und Behandlungsmethoden verpflichtet;
5. eine temporäre Handlungsregel zu formulieren, nämlich die Vorsichtsregel, die zur Wahl der Projektalternative mit der größeren Prognosesicherheit und – verknüpft mit der Nicht-Schadensregel – zur Wahl derjenigen Forschungsstrategie verpflichtet, welche das größte Folgenwissen ermöglicht und negative Folgen vermeidet.

Unter Rückgriff auf die fundamentalen bereichsspezifischen Handlungsregeln lassen sich mittels einer Analyse der evolutionären Phänomene wie Anpassung, ökologischer Nischen und des Artbegriffes Verträglichkeitskriterien evolutionär-ökologischer Art entwickeln, die Vermeidung von Pathogenität, die Vermeidung von Toxizität und Umweltverträglichkeit umfassen.

4. Konkretisieung der Umweltethik für natürliche, gentechnisch veränderte und synthetische Mikroorganismen

Im Orient wurden Mikroorganismen unbewusst bereits seit prähistorischen Zeiten zur Haltbarmachung von Lebensmitteln pflanzlicher und tierischer Herkunft verwendet. Inschriften aus der Zeit um 3000 v.Chr. belegen, dass die Ägypter bereits das Brauen von Bier beherrschten, eine Fertigkeit, die sie wahrscheinlich von den Babyloniern übernommen hatten. Erfolgt bei der Herstellung eines Lebensmittels ein wesentlicher Arbeitsschritt mit Hilfe von Mikroorganismen, so wird hierbei von einer Fermentation und bei den auf diesem Wege hergestellten Produkten von fermentierten Lebensmittel gesprochen. Geprägt wurde der Begriff der Fermentation durch Louis Pasteur. Als wichtigste Fermentationsverfahren, die heute sowohl handwerklich wie auch großtechnisch bei der Herstellung von Lebensmitteln eingesetzt werden, sind die Milch- und Essigsäuregehrung die alkoholische Gärung sowie der Einsatz spezieller Schimmelpilze zu nennen (vgl. Brickwedde u.a. 2003, 260f).

Im Jahr 1973 wurde erstmals der gezielte Transfer genetischer Information über Artengrenzen hinweg beschrieben. Dies wurde der Grundstein einer neuen Industrie. Bereits im Jahr 1976 kam es zur Gründung eines ersten Unternehmens, die Firma Genentech, die 1978 das Insulingen des Menschen klonierte, das vier Jahre später mithilfe transgener Mikroorganismen in Produktion ging. Der Fortschritt in der Gentechnologie hat zu neuen Produktionsverfahren geführt (vgl. Heiden u.a. 2001, 222). Mit etwa Zwei Drittel am Gesamtvolumen der gentechnologisch hergestellten Erzeugnisse machen Pharmaprodukte den Löwenanteil an gentechnologisch hergestellten Produkten aus (bedeutendstes Produkt Humaninsulin mit ca. 90% Anteil der Herstellung mithilfe moderner Biotechnologie). Marktbeherrschend ist die moderne Biotechnologie heute bereits bei der Produktion technischer Enzyme, Aminosäuren, Ethanol und Zitronensäure im Großmaßstab. Diese Stoffe begegnen uns z.B. in modernen Waschmitteln. Damit sind teilweise dramatische Einsparungen an Ressourcen und Herstellungskosten verbunden. Darüber hinaus könnten eine ganze Reihe von

Mikroorganismen Polymere produzieren, die als Kunststoffe Verwendung finden könnten, z. B. der biologisch abbaubare und damit umweltfreundliche Kunststoff PHB (vgl. Heiden u. a. 2001, 53–55).

Neue Materialien und neue Techniken ermöglichen neue maßgeschneiderte Produktionsformen wie nachwachsende Rohstoffe. Ansätze zu einer neuen Form der Industrialisierung mit neuen Formen der Produktion zeichnen sich ab. Dies nährt Hoffnungen auf neue Arbeitsplätze im Industriebereich und der Produktion. Die moderne Biotechnologie ist eine der zentralen Zukunftstechnologien und ein erheblicher Wachstumsmarkt. Hier ist die Herstellung von Medikamenten, Feinchemikalien, neuer Materialien (Nanotechnologie), Nahrungsmittel, nachwachsender Rohstoffe und Energieträger wie in der Umwelttechnologie zu sehen. Biotechnologische Verfahren zur Abfallbeseitigung und Abwasserklärung empfehlen eine Förderung gemäß dem Leitbild der Nachhaltigkeit.

Gentechnologische Verfahren zur Herstellung körpereigener Wirkstoffe arbeiten unter Bedingungen des physikalischen bzw. biologischen Containments und stellen bei Einhaltung der Sicherheitsvorschriften keinen Eingriff in die Evolution dar. Bei wissenschaftlicher Forschung sind Innovation und damit Entscheidungsspielräume und Unsicherheit konstitutiv. Der Wissenschaft ihre Innovativkraft verbieten zu wollen, ist sittlich gesehen nicht legitim, da es sich hier um eine unerfüllbare Forderung handelt, die zur Selbstaufhebung von Wissenschaft führt. Anders verhält es sich mit der Verpflichtung zur Vorsicht. Da jede quantitative Abgleichung von Risiken und Chancen mit Unsicherheit verbunden ist und gerade hinsichtlich von Freisetzungen gentechnisch veränderter Organismen Kontroversen nicht auszuschließen sind, enthält jede Entscheidung willkürliche Elemente. Absicherung gegen Fehlentscheidungen erfolgt in der Gesellschaft normalerweise durch das Recht. Aber Forschung betritt Neuland, welches durch Rechtsnormen in der Regel nur eingeschränkt zu ordnen ist. Insgesamt ist im Bereich der Freisetzung von Mikroorganismen zu beobachten, dass das Kriterium Rückholbarkeit an Bedeutung verliert. Im Stadium kleiner Feldversuche mit Mikroorganismen wird ein wichtiger Schwerpunkt vielmehr auf die Begrenzung der Ausbreitung der veränderten Mikroorganismen und ihrer DNA gelegt. Die ethische Bewertung gentechnischer Verfahren in der biomedizinischen Forschung sieht bei ausreichender Sicherheitsvorsorge durchaus positiv aus. Sie ist jedoch in einem Bereich problematisch, denn die Methoden der Suche nach neuen Impfstoffen und Therapeutika kann auch – zumindest grundsätzlich gesehen – in der militärischen Forschung eingesetzt werden.

Der nächste Schritt zeichnet sich bereits ab: Synthetische Organismen und eine neue Bioingenieurkunst. Wer meint, heutzutage könnten Gentechniker synthetische Wunschorganismen leicht konstruieren, der irrt. Seit nunmehr 40 Jahren verpflanzen Wissenschaftler fremde Gene in Organismen. Dennoch gleicht die Gentechnologie immer noch eher einem Kunsthandwerk als einer ausgereiften technischen Disziplin. Wer auf dem Feld der synthetischen Biologie arbeitet, entwirft und konstruiert lebende Systeme. Die neuen Schöpfungen sollen sich vorhersagbar verhalten. Zu diesem Zweck verpassen die Forscher ihnen definierte genetische Eigenschaften, die sich nach Bedarf austauschen lassen. Manche dieser Laborwesen könnten sogar mit einem erweiterten genetischen Code arbeiten, dank dessen sie Dinge tun würden, die in der Natur nie da gewesen waren. Die synthetische Biologie verfolgt insbesondere drei Ziele: (1) Die beteiligen Wissenschaftler wollen Grundzüge des Lebens erkennen, indem sie es aus kleinen Bauelementen synthetisieren – und nicht indem sie nach eher üblicher Art, vorhandenes Leben in seine Bestandteile zerlegen. (2) Die Gentechnologie soll zu einer echten Ingenieurwissenschaft werden – also zu einer technischen Disziplin, in der Geningenieure standardisierte Komponenten verwenden, aus denen sie immer wieder neue, komplexere Systeme entwickeln. (3) Diese Wissenschaft möchte die Grenzen von lebenden und technischen Systemen einander annähern, bis sich deren beider Eigenschaften überschneiden. Das ergäbe programmierbare Organismen, quasi lebende Maschinen (vgl. Gibbs 2004, 68).

Die Anfänge der synthetischen Biologie liegen 25 Jahre zurück. Ein Team um Steven A. Benner konstruierte 1989 an der ETH Zürich eine DNA mit vergrößertem Alphabet. Die neue Form der Erbsubstanz wies neben den üblichen vier genetischen Buchstaben zusätzlich zwei künstliche Basen auf. Seitdem schufen Benner wie auch andere Wissenschaftler weitere Sorten von solcherart erweiterter DNA. Funktionsfähige Gene für lebende Zellen konnte damit zwar noch niemand herstellen – also Erbsequenzen, die in eine RNA-Matrize abgelesen und dann in Proteine übersetzt werden. Doch im letzten Jahr entwickelte die Gruppe um Peter G. Schultz am Scripps-Forschungsinstitut in La Jolla (Kalifornien) Zellen, die zwar normale DNA enthalten, die aber unnatürliche Aminosäuren herstellen. Mit diesem Material gelang es bereits, neuartige Proteine zu konstruieren. Das Ziel der synthetischen Biologie besteht darin, aus definierten, wunschgemäß arbeitenden Modulen biologische Systeme zu konstruieren, die sich vorhersagbar verhalten. Die genetischen Versatzstücke oder Module werden Biobricks genannt, wobei der Name „brick" auf das englische Wort für Ziegel oder Baustein anspielt. Standardisierte Biobricks erlauben zudem, damit funktionelle genetische Systeme zu bauen, ohne im Einzelnen zu wissen, wie man sie technisch zusammenfügen muss (vgl. Gibbs 2004, 69–71).

An einem bestimmten Punkt endet die Analogie zwischen Technik und Biologie allerdings. Elektrische und mechanische Maschinen sind im Prinzip abgeschlossene Einheiten. Gleiches gilt jedoch nur für wenige genetische Systeme. Die Hälfte der 60 Module aus den letzten Jahren konnten erst nicht verwendet werden. Die Zellen starben, wenn sie sich teilen wollten. Es überforderte sie, das zusätzliche genetische Material mitzuschleppen und zu vervielfältigen. Erträglicher wird die Bürde, wenn man sie nicht dem zelleigenen Genom auflastet, sondern das Kunstprodukt auf einem eigenen DNA-Ring, einem sogenannten Plasmid, deponiert. Besonders haben die Forscher aber stets damit zu kämpfen, dass die artifizielle DNA über viele Zellgenerationen hinweg nicht unverändert bleibt, weil das Erbgut der Wirtszelle immerfort mutiert. Es gibt auch schon ein konkretes Projekt: Das Aufspüren von Landminen: Hellinga und Ron Weiss würden gern ihre beiden Konstruktionen – Synthetische Mikroorganismen als Sensorsysteme für TNT (einen Sprengstoff) und als Leuchtanzeige – kombinieren. Sie möchten damit Bakterien schaffen, die Sprengstoff aufspüren und das gleichzeitig anzeigen können. Solche Organismen könnten helfen, Landminen zu orten (vgl. Gibbs 2004, 71–74).

Die synthetische Biologie ist die Fortsetzung der Gentechnik. Es handelt sich um technische Veränderungen der belebten Natur. Das Ziel besteht darin, die molekularen Grundlagen der Stoffwechsel- und Fortpflanzungsfunktion einfacher einzelliger Organismen so genau und vollständig zu verstehen, wie das aus der Natur nicht bekannt ist. Es geht um die Voraussetzungen des Lebens und Lebendigen und um die Entdeckung der molekularen Struktur des Genoms. Der molekulare Schlüssel zum Verständnis des Phänomens Leben in seiner ganzen Breite soll ebenfalls erforscht werden. Es gibt reduktionistische Erklärungsstrategien. Die Erschaffung von Leben im Labor ist ein zentrales Motiv des modernen Menschen (vgl. Boldt u.a. 2009, 9–11). Stephane Leduc hat 1912 ein Buch mit dem Titel La Biologie Synthétique geschrieben und seine Überlegungen basierten auf der kontrollierten Reproduktion von Beobachtungen.

Auch Jacques Löeb hat 1911 die praktische Kontrolle und Anwendung zur Schaffung biologischen Wissens herangezogen. Voraussetzung dieses naturwissenschaftlichen Verständnisses der Biologie ist, dass sich die Phänomene des Lebendigen restlos zurückführen lassen auf einfache Kräfte und Gesetze, die den Organismus beherrschen und die in ihren Wirkungsweisen eindeutig vorher zu bewerten sind. Diese können angewandt werden auf die Frage, wie Leben entstehen kann. Es konstituierte sich eine erfolgreiche erzeugende Biologie, für welche die technische Umsetzung konstitutiver Bestandteil der naturwissenschaftlichen Praxis und keineswegs zufällig ist. Der Zufall war Teil des naturwissenschaftlichen Forschens, selbst seiner Kontrollpraxis. Die reproduzierbare Anwendung ist die Bestätigung für die durch Analyse gewonnenen Ergebnisse. Aufgabe ist, die Entstehung des Lebens aus dem Unbelebten nachzuvollziehen. Nachbilden und Neubilden der Natur und der Fähigkeiten der Naturgesetze als Aufgabe: Kennzeichnend ist die ingenieurwissenschaftliche Grundidee. Es gibt einen ganze Reihe von Forschungsprojekten zu diesem Bereich, die in schneller Entwicklung sind. Wichtig ist es unter diesen ist das Projekt des Minimalorganismus, der Minimalzelle als Basis für die Erforschung weiterer Funktionen einer Zelle.

Synthetische Biologie überwindet die Artgrenzen der natürlichen Evolution, an die die bisherigen Züchtungstechniken gebunden waren. Die neue Form der Biologie belegt das instrumentelle Potential einer biologischen Mikrotheorie. Das medizinische Modell biotechnologischer und biomedizinischer Forschung wurde im Verlauf des 18. und 19. Jahrhunderts entwickelt. Es beinhaltet eine isolierende, naturwissenschaftliche, organzentrierte Denk- und Vorgehensweise. Das biomedizinische Modell ist gekennzeichnet durch den Zusammenhang von Krankheitserfahrung und –erleben und der Naturgeschichte der Krankheit und damit der Geist-Körper-Komplementarität, das auf die rein körperliche Seite eingeschränkt wird. Das biomedizinische Modell reduziert die Krankheitsgeschichte auf einen Faktor, den biochemischen Defekt. Als Begründer des klassischen Konzeptes einer „Bioingenieurkunst“ und eines genetischen Determinismus gilt Claude Bernards „Introduction a l'étude de la médicine expérimentale“

aus dem Jahr 1865. Jacques Loeb bemüht sich um die Wende vom 19. zum 20. Jahrhundert um eine experimentelle Physiologie der Entwicklung und um einen experimentellen Beweis für die Evolution. Mit dem Übergang von der Modellierung des Gens zur Rekombination von Genen in bislang unbekannter Form auch über Artgrenzen hinweg vollzog sich die erste Transformation im Leitbild der Bioingenieurkunst hin zur synthetischen Biologie. Nun entsteht das Leitbild einer molekulargenetischen Bioingenieurkunst und die Transformation der Bioingenieurkunst in eine Technologie im Sinne von Technoresearch (Irrgang 2003b).

Mit der Gentechnik ist die Biologie in ihre synthetische Phase eingetreten, so wie mit Friedrich Wöhlers Synthese des Harnstoffs im Jahre 1828 die synthetische Chemie entstand (vgl. Winnacker 1993, 121f.). Synthetische Biologie als Neukonzeption und Optimierung von Genen versteht sich nicht mehr als wie auch immer geartete Wiedergabe der Wirklichkeit, sondern schafft sich ihren Gegenstand, nicht mehr nur mit Theorien und Hypothesen, sondern auch mit technischen Mitteln. Damit ist Gentechnik Technik und nicht mehr Naturwissenschaft, die Gesetze entdeckt. Allerdings ermöglicht für Ernst Ludwig Winnacker synthetische Biologie eine Beschreibung der Natur mit effektiveren Methoden und eröffnet eine neue Dimension der Mutationsanalyse (vgl. Winnacker 1985, 19). Das Protein-Engineering führt zu einer Neusynthese von Enzymen auf dem Reißbrett (Winnacker 1985a, 20). Simulation und (Re-) Konstruktion sind Kennzeichen der synthetischen Biologie als neue Denkweise und Art zu handeln. Gentechnologie erweist sich damit als Hybrid von naturwissenschaftlicher und technischer Forschung, als neuer Wissens- und Handlungstyp, der sich erst im 21. Jahrhundert voll entfalten wird, als neue Forschungspraxis. Die Bioingenieurkunst verspricht die Synthese von Biologie und Technik. Das Leitbild aber gibt nicht die Biologie ab, sondern die Ingenieurkunst. Es handelt sich um ein Konstruktionsideal. Dafür sind wichtig (1) die genetische Codierung, (2) die epigenetische organismische Entwicklung und (3) die Konstruktionsziele für den Organismus. Die Übergänge zwischen herkömmlicher Züchtung, der Manipulation einzelner Gene bis hin zur Herstellung von Minichromosomen hin zu synthetischem Leben sind fließend. Synthetisches Leben ist daher möglicherweise der falsche Ausdruck, besser wären „synthetische Organismen“.

Die technologische Konstruktion artifizieller Lebensformen setzt in hohem Maße wissenschaftliches und technisches Know that und Know how voraus. Allerdings ist anzunehmen, dass artifizielle Lebensformen zumindest für eine gewisse Anfangszeit den Charakter von black boxes nicht ganz ablegen werden können. Man wird probieren müssen beim Entwerfen artifiziellen Lebens und dabei auch Risiken eingehen. Aber es wird ein hohes Maß an Wissen erforderlich sein für das technische Konstruieren von Lebewesen, wahrscheinlich mehr als bei einer genetischen Manipulation eines Organismus. Der Gebrauchswert technisch konstruierter Lebewesen entsteht durch die auf den Gebrauch hin entworfene Lebens- und Organisationsform eines Organismus. Allerdings werden sich nicht alle möglichen Gebrauchsformen im Voraus für alle Formen synthetischen Lebens bestimmen lassen. Für einen neu synthetisierten Organismus gibt es kein artgemäßes Leben, das vom Menschen unabhängig wäre. Kriterien für die Haltungsbedingungen dieses Organismus könnten nur aus seiner Organisationsform „abgeleitet" werden. Zunächst muss aber expliziert werden, welche Bedingungen für die technische Konstruktion artifizieller Lebensformen erfüllt sein müssen, um von einer gänzlich artifiziell hergestellten Zelle sprechen zu können. Dazu muss ein Vergleich erstellt werden zwischen der Neukonstruktion eines artifiziellen Organismus und einer technischen Neukonstruktion eines technischen Mittels (Erfindung). Hierzu bedarf es einer Analyse gentechnischen Konstruktionshandelns. Voraussetzung dafür sind Fortschritte in der postgenomischen Ära der Gentechnologie. Funktionen von Genen und intrazelluläre Netzwerke müssen besser bekannt sein (Irrgang 2002b).

Synthetisches Leben hat gegenüber normal mutiertem Leben spezielle Eigenschaften und spezielle Lebensbedingungen, die zu berücksichtigen sind. Eine solche Lebensform behält ihren artifiziellen Charakter. Zudem haben Transgene oftmals Eigenschaften negativer Art, die bisweilen erst im Alter auftreten und Kompensationen erforderlich machen. Diese Formen des Lebens behalten Elemente des Künstlichen. Daher ist auch der Unterschied zwischen Züchtung als technischem Handeln und der Konstruktion bzw. dem Design von Organismen als einem anderen Typus technischen Handelns herauszuarbeiten. Zur Konstruktion sind technische Mittel und Verfahren erforderlich, für den Gentransfer braucht man Vektoren. Begründet aber lebendes Material einen anderen Gebrauchswert als totes? Sind Organismen technische Mittel von anderer Art als mechanische, physikalische und chemische? Im Umgang mit höher und komplexer strukturierten Organismen machen wir Unterschiede zu unbelebten mechanisch-physikalischen Mitteln, auch wenn beide letztlich technische Artefakte sind. Eine detailliertere Antwort findet sich in meinem Artikel „Tierschutz" (Irrgang 1998c) und in meiner „Forschungsethik" (Irrgang 1997).

An einem bestimmten Punkt endet die Analogie zwischen Technik und Biologie allerdings. Elektrische und mechanische Maschinen sind im Prinzip abgeschlossene Einheiten. Gleiches gilt jedoch nur für wenige genetische Systeme oder gar biologische Organismen. Die Hälfte der 60 Module, die in den Jahren 2000 bis 2003 hergestellt wurden, konnten nicht verwendet werden. Die Zellen starben, wenn sie sich teilen wollten. Es überforderte sie, das zusätzliche genetische Material mitzuschleppen und zu vervielfältigen. Erträglicher wird die Bürde, wenn man sie nicht dem zelleigenen Genom auflastet, sondern das Kunstprodukt auf einem eigenen DNA-Ring, einem so genannten Plasmid, deponiert. Besonders haben die Forscher aber stets damit zu kämpfen, dass die artifizielle DNA über viele Zellgenerationen hinweg nicht unverändert bleibt, weil das Erbgut der Wirtszelle immerfort mutiert. Es gibt auch schon ein konkretes Projekt für die Anwendung solcher Minimalorganismen: Das Aufspüren von Landminen: Hellinga und Ron Weiss würden gern ihre beiden Konstruktionen – Synthetische Mikroorganismen als Sensorsysteme für TNT (einen Sprengstoff) und als Leuchtanzeige – kombinieren. Sie möchten damit Bakterien schaffen, die Sprengstoff aufspüren und das gleichzeitig anzeigen können. Solche Organismen könnten helfen, Landminen zu orten (vgl. Gibbs 2004, 71–74).

Die synthetische Biologie, zunächst nur dem Spieltrieb der Ingenieure und der Neugier von Biologien entsprungen, will neue Geschöpfe erschaffen – und sie für die Menschheit arbeiten lassen. Sie sollen Medikamente oder Werkstoffe hervorbringen, die die Natur nicht oder nur widerwillig hergibt. Sie sollen wahlweise Krebs bekämpfen, schädliche Stoffe aufspüren und vernichten, Energieträger wie Wasserstoff produzieren oder Dinge hervorbringen, an die wir noch gar nicht denken. Manche der neuen Wesen werden Variationen der uns bekannten sein, andere aber werden auf neuen Makromolekülen und von Menschen erdachten Bauplänen beruhen. Sie könnten sich weiter entwickeln und neue evolutionäre Nischen besetzen, Wunder hervorbringen und vielleicht auch zur Bedrohung werden (vgl. Herden 2006, 35f.).

Was die neue Disziplin am deutlichsten von den bisherigen Arbeiten der Biotechnologie abhebt, ist ein neues Selbstbewusstsein, eine neue Denk- und Herangehensweise: Nur was man auch selbst bauen kann, hat man wirklich verstanden, so lautet das Credo der Bioingenieure. Oft muss man akzeptieren, dass man das System nicht vollständig versteht, und dass es trotzdem funktionieren kann. Das wäre der technologische Zugang. Eben damit wollen sich die Bottom-Up-Forscher nicht abfinden. Wir sollten aufhören, an komplizierten Systemen nur herumzuspielen und stattdessen die zugrunde liegenden Prozesse verstehen zu lernen. Dies ist der Research-Zugang. Die Kombination dieser beiden Zugänge macht Technoresearch aus (Herden 2006). Noch immer hat die Arbeit der meisten Bioingenieure wenig von einer Ingenieurstätigkeit an sich. Einer der Gründe liegt in den Werkzeugen zum Bauen mit biologischen Teilen: Sie sind zu wenig standardisiert und zu wenig von breitem Nutzen. Hier besteht erheblicher Nachholbedarf gegenüber anderen Sparten der Ingenieurwissenschaften (vgl. Baker u.a. 2007, 86f.).

So steht der Bio-FAB-Ansatz für Biofabrikation von synthetischen Lebewesen ohne jedes Vorbild auch in der Natur. Nun wird dazu übergegangen, synthetische biologische Baugruppen zunächst im Computer zu entwerfen und zu modellieren und sie dann erst in biologische Fassungen zu bringen, ähnlich wie Halbleiterchips zunächst im Computer entworfen und dann lithographiert werden. Diese Vorgehensweise hat den Vorteil, dass wir ähnlich wie bei elektronischen Schaltkreisen die Interaktionen zwischen den Komponenten im Voraus optimieren und Fehler erkennen können. Ein weiterer Vorteil liegt darin, dass der Bioingenieur nicht jedes Bauteil selbst konstruieren, ja nicht einmal dessen Innenleben kennen muss – er muss nur wissen, was das angebotene Teil leistet, und sich ansonsten darauf verlassen können, dass es zuverlässig funktioniert. Die erste Generation von Ingenieur-Biologen, für die es von vornherein selbstverständlich sein wird, sich als beides zu begreifen, ist gerade im Entstehen begriffen. Der Aufbau einer biologischen Fabrikation fördert diese Entwicklung und ähnlich revolutionäre Fortschritte werden eingeleitet werden, falls der Industrie gelingt auch eine Biotechindustrie aufzubauen wie einst in der Halbleiterindustrie.

Die Entdeckung der Struktur der Erbsubstanz DNA vor fünfzig Jahren war eine kulturelle Zäsur. Mit ihr begann der Aufstieg der Biologie zur Leitwissenschaft unserer Zeit. Ein weiterer wichtiger Schritt in diesem

Zusammenhang war das Humangenom Projekt. Die Schnittstelle von Genetik und Fortpflanzungsmedizin wurde immer mehr zum Ansatzpunkt der Biomedizin. Realisiert werden sollen Visionen des Zeitalters regenerativer Medizin. Es ist aber keine Selbstoptimierung oder Selbstabschaffung des Menschen, wenn es um medizinische Indikationen und ihre Realisierung geht. Als Konsequenz der neuen Möglichkeiten könnte sich der Mensch neu definieren. Der Körper ist nie gut genug, er kann immer optimiert werden. Lässt sich Fortschritt nur durch Tabubrüche erzielen? Die Life-Sciences sind ein Produkt der Experimental- und Laboratoriumswissenschaften. Und Experimentalwissenschaften sind risikobehaftet, nicht nur, wenn sie vom Labor den Weg ins Freiland suchen. Die Alternative wäre, nicht mehr zu experimentieren, sondern nur noch zu beobachten. Die technische Simulation natürlicher Lebenswesen wird von Lebewesen natürlicher Art immer ununterscheidbarer. Daher bedarf es der Deklaration ihrer Herkunft. Möglicherweise sind Bioartefakte bald besser, gesünder oder funktionaler als natürliche Organismen (Irrgang 2005a, Irrgang 2005b). In der Bandbreite des Verhältnisses von Natur und Technik ist der Organismus bzw. das Lebewesen charakterisiert durch Genese (Wachstum, Morphogenese, Epigenese) und technische Artefakte durch Gemacht-Werden, Konstruiert-Werden, Entworfen-Werden. Synthetische Lebewesen entstehen durch die technische Rekonstruktion der Genese von Organismen durch Eingriff in den genetischen Code und in die Expression des genetischen Codes von Organismen. Insbesondere im Menschen und seiner Evolution vollzieht sich eine permanente Grenzüberschreitung des Natürlichen und Biologischen hin zum Künstlichen und Technischen.

Die neuen Life-Sciences sind charakterisiert durch:

(1) Ein neues Wissen: Das Klonen von Säugetieren 1997, die Stammzellforschung 1998 und die Erkenntnis der Bedeutung nichtkodierender DNA und RNA im Jahre 2002 haben eine neue Sicht der Entwicklung von Leben vorbereitet. Epigenetik und Stammzellforschung zeigen nun ein anderes Bild des Lebendigen und die Ursachen für die Vielfalt und Verschiedenheit des Lebendigen und der Entstehung von Organismen, nicht mehr die Uniformität der belebten Natur. In der frühen Embryonalentwicklung bei Säugetieren liegt beispielsweise nicht nur Wachstum oder Ausdifferenzierung von Zellen vor, wie etwa nach der Geburt, sondern

echter Gestaltwandel. So ist der Organismus als sich entwickelnde, jeweils momentan realisierte Struktur im Horizont des genetischen Codes als Steuerungsprogramm und Umwelt als gestaltendem Realisierungsfaktor im Sinne der Neoepigenesiskonzeption zu verstehen.

(2) Ein neues Können: Die Anfänge der synthetischen Biologie liegen 25 Jahre zurück. Das Ziel der synthetischen Biologie besteht darin, aus definierten, wunschgemäß arbeitenden Modulen biologische Systeme zu konstruieren, die sich vorhersagbar verhalten. Die genetischen Versatzstücke oder Module werden Biobricks genannt, wobei der Name „brick" auf das englische Wort für Ziegel oder Baustein anspielt. Standardisierte Biobricks erlauben zudem, damit funktionelle genetische Systeme zu bauen, ohne im Einzelnen zu wissen, wie man sie technisch zusammenfügen muss. An einem bestimmten Punkt endet die Analogie zwischen Technik und Biologie allerdings. Elektrische und mechanische Maschinen sind im Prinzip abgeschlossene Einheiten. Gleiches gilt jedoch nur für wenige genetische Systeme (Irrgang 2005b). Der Züchtungsgedanke der klassischen Biotechnologie wie Eugenik wird in den Life-Sciences immer mehr durch den der technischen Konstruktion ersetzt. Der Genpool tritt in den Hintergrund, das einzelne Individuum in den Vordergrund. Selektion im Sinne klassischer Züchtung und des Sozialdarwinismus wird aus den Life-Sciences zunehmend verschwinden, wenn sich das Leitbild synthetischer Biologie stärker durchsetzt (Irrgang 2002a; Irrgang 2004; Irrgang 2005b).

Die Rahmenordnung experimenteller Forschung wird nicht durch experimentelle Forschung abgesteckt, sondern durch naturphilosophische Reflexionen hermeneutisch-phänomenologischer Art. Die Unterschiede zwischen Leben und Materie, belebter Materie (Viren, Bakterien, Sinne,) und Pflanzen, Pflanzen und Tieren sowie Menschen können nicht experimentell, sondern nur durch hermeneutische Phänomenologie als Forschung herausgearbeitet werden. Dies gilt auch für die Unterscheidung von natürlichen und künstlichen Organismen. Naturphilosophie – das ist die Schlussfolgerung – ist in die Naturwissenschaften zu integrieren. Evolutionär-kausal stellt sich die Entwicklung als unterschiedsloses Kontinuum dar und führt zu der naturwissenschaftlich plausiblen Feststellung, dass Menschen und Schimpansen evolutionär nahezu gleich sind, während die naturphilosophische

Reflexion auf deutliche Unterschiede zwischen Schimpansen und Menschen kommen kann. Wenn wir uns an naturwissenschaftliches Wissen und Methoden bzw. ihren Ergebnissen orientieren sollen, müssen wir die Ebene des Laboratoriums verlassen und Naturphilosophie betreiben, allerdings nicht über die Köpfe der praktizierenden Wissenschaft gleichsam hinweg, sondern im Dialog mit Ihnen, denn sie wissen vermutlich zumindest besser, was sie tun, um Wissen über Überlebensprozesse zu erarbeiten. Aber Faktenwissen (wissen dass) ist alleine noch nicht Wissenschaft; wir müssen auch wissen, wie und warum wir Leben als etwas Spezifisches und vielleicht sogar Wertvolles begreifen.

Spekulationen über das Leben und seine Kriterien sind kein unmittelbarer Output des Laboratoriums, aber ohne Spekulationen bleibt Biologie Bastelei und kann so zu keiner wirklichen Wissenschaft werden. Ohne die naturphilosophische Reflexion der grundliegenden Begriffe für eine wissenschaftliche Theorie bleibt Laboratoriumswissenschaft Forschung im Vorhof von Wissenschaft. Und tatsächlich ist Technoscience Wissenschaft vor der eigentlichen Wissenschaft. Wissenschaft gibt es nur dort, wo es große Theorie gibt. Trotz guter experimenteller Forschungsansätze in Evolutionstheorie und Genetik bedarf es in der Biologie dieses Impetus zur Theorie. Wenn wir uns an Wissenschaft orientieren sollen, wenn wir uns an einer wissenschaftlichen Weltanschauung ausrichten sollen, brauchen wir ein neues Philosophisch Werden der Laboratoriumswissenschaften. Philosophie ist dann keine Wissenschaft im Sinne der Einzelwissenschaften, aber unverzichtbar zur Vollentwicklung der Einzelwissenschaften als jeweiliger Sachwalter des Ganzen des Horizonts der eigenen Theorie. Das Methodenideal der Neuzeit war Analyse und Synthese, Empirie und Phänomenologie für Forschung in den Naturwissenschaften und der Naturphilosophie. In der positivistischen Wende des 19. Jahrhunderts wurde die Analyse in den Vordergrund gestellt, die Synthese auf technische Leistungen in den Wissenschaften reduziert. Auf der DNA-Ebene unterscheiden sich physikalische und organische Dinge nicht wesentlich. Sie haben eine unterschiedliche Molekülstruktur – das ist alles. Aber auch Naturwissenschaft interessiert nicht nur die unterschiedliche Molekülstruktur, sondern schon auch das, was man damit machen kann, und für die Unterschiede, die mit vielen unterschiedlichen Molekularstrukturen verbunden sein können.

Laborexperimente können als Hermeneutik der Natur verstanden werden, indem sie Modellbildung und Versprachlichung von Naturprozessen betreiben. Eigentlich geht es um eine Hermeneutik der Strukturinformation, mit deren Hilfe wir die Entwicklung der Lebewesen im Ökosystem wie die Entwicklung eines Lebewesens aus einer Samenzelle rekonstruieren und auch verstehen können. Das charakteristische am Leben ist ihre Reproduktion und Selbstorganisation mittels einer materialisierten Informationsstruktur als vererbbare Merkmale. Technik entsteht aus dem Umgang mit der Natur unter Verwendung von anderer Technik (technischem Wissen, technischem Können oder technischen Artefakten). Betrachten wir die Genese von Technik, so gibt es keine klare Grenze zwischen Natur und Technik. Im Menschen gehen Natur und Kultur ineinander über (vgl. Irrgang 2009). Nur rein logisch kann man Natur und Technik klar unterscheiden, denn sie lassen sich unterschiedlich definieren, nicht aber in der Realität. Ein Schaf ist ein technisches bzw. kulturelles Produkt bereits vor seiner Klonierung. Die Verworrenheit der Meinungen über die neue Biotechnologie an den Grenzen zwischen Natur und Technik entsteht häufig weniger durch das, was die Biotechnologie macht, als durch das, was die daraus machen, die über sie nachdenken. Echte Grenzen (z. B. naturgesetzlicher Art) können gar nicht überschritten werden. Glücklicherweise hat die Natur ihre Gesetzmäßigkeit und Technik zumindest ihre Regelmäßigkeit – nur die Gedanken sind frei.

Der technische Eingriff am Ursprung eines Lebewesens macht ein transgenes Schwein nicht zum Automobil. Die wissenschaftliche Beschreibung eines Lebewesens und überhaupt die technischen Überlegungen zu einem Lebewesen künstlicher Art bleiben unterschiedlich. Für ein Verständnis der synthetischen Biologie bedeutet dies: sie ähnelt eher Züchtungsergebnissen als einer Uhr. Wenn wir einen Organismus als Maschine betrachten, haben wir eine technologische Sichtweise der Natur. Der Natur ist das gleichgültig, sie „betreibt“ weiter Mutation und Selektion. Die Bioingenieurkunst erweist den technischen Umgang des Menschen mit der Natur, aber nicht der Natur selbst. Der technische Entwurf eines Prototyps eines Lebewesens mit modifiziertem Genotyp eines natürlichen Lebewesens und ein frei entworfener künstlicher Genotyp eines noch nicht natürlich vorhandenen Lebewesens sind zu unterscheiden. Die Eingriffsmöglichkeiten in die Entwicklung eines Lebewesens sind gewachsen, nicht nur was das Genom selbst betrifft, sondern den Entwicklungsprozess selbst. Dabei spielt das Genom und das epigenetische System eine größere und teilweise andere Rolle als wir das erwartet hatten. Insbesondere Umweltfaktoren scheinen eine größerer Bedeutung zu haben.

Die konkreten Gefahren der neuen synthetischen Biologie werden häufig diskutiert im Kontext allgemeiner Gefahren im Verhältnis zur Künstlichkeit. Künstlichkeit oder Natürlichkeiten machen jedoch keine Aussagen über Biosafety bzw. Biosicherheit. Pathogene Viren oder Bakterien können Epidemien auslösen wie bei Polio oder dem Grippevirus, gleichgültig ob natürlichen oder künstlichen Ursprungs. Außerdem gibt es die Biowaffenkonvention von 1972, die den Vergleich von Produkten der synthetischen Biologie mit herkömmlichen Biowaffen erlauben soll. Dabei zeigt sich, dass es einen Bedarf an zusätzlichen Regelungen für dieses neue Feld der Ingenieurstechnik (wie in anderen Bereichen auch) gibt. Die Herstellung synthetischer Organismen erfordert keinen übermäßig großen technischen Apparat, anders als im Bereich der Atomwaffen. Entscheidend werden in diesem Zusammenhang die Lizenzierung des Möglichen in der synthetischen Biologie und die Einführung von Kontrollmechanismen sein. Wir haben in der Tat im Zusammenhang mit Biosafety das Risiko unkontrollierter Verbreitung möglicherweise schädlicher Mikroorganismen zu bewältigen. Die Risikobeurteilung von genetisch veränderten Organismen orientiert sich an dem Verhalten von Spender- und Empfängerorganismus, wobei Unwägbarkeiten des Verhaltens berücksichtigt werden müssen. So ist das Konzept eines Gens mit automatischer Selbstzerstörung nicht völlig unplausibel. Etwas technisch zu schaffen, welches aufgrund der Fähigkeit zur Fortpflanzung und zur Mutation Fähigkeiten zum Gestaltwandel entwickeln und sich dadurch der Kontrolle entziehen könnte, das ist die paradoxe Form der Technik auf der Basis synthetischer Biologie. Es entwickelt sich hier eine Technologie qualitativ neuer Art wie auch bei der Künstlichen Intelligenz und in der Robotik, die herkömmliche Maschinentechnologie überschreitet (vgl. Boldt u.a. 2009, 66–78 und Irrgang 2008a).

Synthetische Biologie geht hinter die Gentechnik zurück und ist stark anwendungsorientiert. Anstelle der Veränderung einzelner bestehender Gene (z.B. von Herbizidresistenzen) geht es um den Zusammenbau von neuen Genomstrukturen und dadurch um die Erzeugung von Lebewesen mit einem Bauplan, der vorher nicht auf der Erde vorhanden war. Auf der Basis eines Sets von standardisierten Genen und den darauf beruhenden Bauplänen werden Lebewesen konstruiert bzw. technologisch designed, welche es in dieser Form in der Realität noch nicht gibt. Die natürlichen Gene werden redesigned für eine bessere Funktionsweise. Die synthetische Biologie geht von der Manipulation zur Kreation. In diesem Bereich manifestiert sich der Systemzugang zur Biologie, der einen Ingenieurszugang zur Biologie darstellt, und von einem Minimalzellenmodel ausgeht. Selbstverständlich bedarf es auch eines ethischen Rahmens für die synthetische Biologie. Wir haben parallele Probleme in anderen Techniken, insbesondere in den Ingenieurwissenschaften. Zum einem handelt es sich dabei um Sicherheitsfragen, wobei die Frage beantwortet werden muss ob es spezielle Sicherheitsprobleme bei der Erschaffung von Lebewesen gibt. Außerdem bedarf es des Schutzes vor überlegtem und geplantem Missbrauch.

Aus der Sichtweise des Wissenschaftlers ist die Erschaffung von synthetischen Lebewesen wohl etwas anders zu sehen als in der Öffentlichkeit sonst üblich. Charakteristisch für die genetische Forschung im 20. Jahrhundert ist die Arbeit mit Modellorganismen. „Ein Modellorganismus ist ein – für Experimente zugerichtetes – Lebewesen aus dem Reich der Pflanzen, der Tiere oder der Bakterien, dessen Manipulation zu Einsichten in die Konstitution, das Funktionieren, die Entwicklung oder die Evolution einer ganzen Klasse von Organismen führen kann. Die operationalen Auswahlkriterien sind die einfache Haltung und Handhabung des Organismus, die Menge und Qualität des bereits über ihn gesammelten Wissens und die vergleichsweise leichte Zugänglichkeit des zu untersuchenden Phänomens“ (Rheinberger 2006, 14). Schon Anfang des 20. Jahrhunderts wurde das Experimentalsystem Drosophila von der Morgan-Schule benutzt, um wesentliche Erkenntnisse über die Molekularstruktur der Vererbungsträger herauszufinden. Damit war ein wesentlicher Schritt von der Mendel-Genetik zur synthetischen Biologie vollzogen worden (vgl. Irrgang 2003b).

Auch bei der Entdeckung der Struktur des Gens als Doppelhelix spielten Modelle, diesmal mechanische Modelle, eine zentrale Rolle. Heute sind Tier-Modelle gängige Praxis insbesondere in der biomedizinischen Forschung, so die Krebsmaus oder die SCID- Maus, welche spezifische Krankheitsaspekte des Menschen in einem Tier abbilden, um Forschungen zur Entstehung und Behandlung dieser Krankheit am Menschen durch Tierversuche ersetzen zu können. Aus der Systematik der biotechnologischen Forschung heraus sind synthetische Lebewesen der nächste konsequente

Schritt von Modellorganismen (die noch mit klassischen Mitteln gekreuzt wurden) über Tiermodelle, die bereits transgen verändert sind hin zu Organismen, deren Struktur vollständig (re-)konstruiert wird, um die genetische Steuerung der Entwicklung eines Organismus nachvollziehen zu können. Erst in zweiter Hinsicht sind praktische Anwendungen von Interesse. Zumindest bei synthetischen Lebewesen als materialisierten Methoden der Grundlagenforschung ist die Diskussion um das neue Schöpfertum des Menschen als Hybris unangemessen. Außerdem handelt es sich um Laborforschung, die aufgrund der Sicherheitsbestimmungen des Gentechnikgesetzes gefahrlos betrieben werden können. Allerdings stehen synthetische Lebewesen wie die synthetische Biologie überhaupt (eigentlich schon die Gentechnologie und die darauf aufbauende Biomedizin) für eine tief greifende Transformation moderner, genauer gesagt hypermoderner Technologie (vgl. Irrgang 2008a, Irrgang 2012).

Anstelle des alten technologischen Paradigmas der Züchtung und biotechnologischer Verfahren wie der Fermentation und der Gärung, die alltägliche Kulturleistungen darstellen, tritt nun die biotechnologische Konstruktion auf der Basis von Technoscience und Technoresearch, also eines Hybrids aus Technologie und Wissenschaft (vgl. Irrgang 2003a). Als Philosophen mit einer ethischen Grundausrichtung sollten wir auch diese interessante und viel versprechende Entwicklungsmöglichkeit hypermoderner Technologie kritisch begleiten, um mögliche Schäden von der Menschheit abwenden zu können. Die Diskussion um das neue Schöpfertum des Menschen oder gar die Rede vom „Gott spielen" scheint mir dagegen unangemessen, denn Gottes Schöpfertum kann aus dem Nichts erschaffen, menschliches auch mit der synthetischen Biologie und mit synthetischen Lebewesen nur aus vorhandener Materie.

Der Gebrauchswert technisch konstruierter Lebewesen entsteht durch die auf den Gebrauch hin entworfene Lebens- und Organisationsform eines Organismus. Allerdings werden sich nicht alle möglichen Gebrauchsformen im Voraus für alle Formen synthetischen Lebens bestimmen lassen. Ein Organismus wird als Instrument entworfen und nicht erst nachträglich instrumentalisiert. Allerdings bleibt die Frage, ob sich dies als unterschiedliche Formen und Grade von Instrumentalisierungen auf die ethische Bewertung auswirkt. Für einen neu synthetisierten Organismus gibt es kein artgemäßes Leben, das vom Menschen unabhängig wäre. Kriterien für die

Haltungsbedingungen dieses Organismus könnten nur aus seiner Organisationsform „abgeleitet" werden. Die Frage „Was ist Leben?" erhält angesichts der neuen technischen Handlungsmöglichkeiten des Menschen neue Brisanz. Es besteht Bedarf an einer neuen Wissenschaftstheorie der Biologie und der Biotechnologie. Es handelt sich um ein Wissen von Organismen, die total sequenziert und in ihren Grundlagen als verstanden gelten dürfen. Organismen mit genau definierten Fähigkeiten, einer vollständigen Aufklärung des Bau- und Funktionsplanes sind reine Laborphänomene (ohne Freisetzung) und keine Phänomene der Natur. Das Verhältnis unterschiedlicher Typen technischen Handelns (Manipulation, Neukonstruktion) ist neu zu durchdenken. Der eigentliche Wert der Natur entsteht für den Techniker in ihrem Gebrauch. Gerade artifiziell erzeugte Teile der Natur werden auf ihren potentiellen Gebrauch hin entworfen.

5. Ethische Probleme im Umgang mit Pflanzen, transgenen nachwachsenden Rohstoffen, industrialisierter Nahrungsmittelproduktion und functional Food

Die Analyse des anthropologischen Zugangs einer Domestizierung von Pflanzen und die historische Untersuchung des Ursprungs des Ackerbaus haben erwiesen, dass Werkzeuge, Bauweisen und kultivierte Pflanzen, verbunden mit der neuen Lebensform, an unterschiedlichen Stellen der Erde auftreten. Saatgut hat sich erhalten in prähistorischen Fundstätten, allerdings gibt es große methodische Probleme, Saatgut als solches zu identifizieren. Die neolithische Revolution ist als solche eine von uns rekonstruierte Einheit. Unter Einbezug des Umweltansatzes kann die Auswahl von Pflanzen, die groß und dauerhaft sind, als einer der ersten Ansatzpunkte für menschliches Züchtungshandeln gewertet werden (vgl. Cowan/Watson 1992, 2–4). Pflanzenzucht bzw. Tierzucht ist im Sinne einer Koevolution zwischen der Evolution der Ausgangsarten und technischem Handeln zu begreifen. Domestizierung ist selbst eine Art von Evolutionsprozess, aber auch die Entfaltung des Typs technischen Handelns, der als züchterisches Handeln beschrieben werden kann. Wichtigstes Element scheint die Auswahl und das Verbringen von Saatgut in neue Habitate zu sein. Explizit sind die Vererbungsregeln lange nicht bekannt, dennoch scheint eine Art von Umgangswissen mit evolutionären Prozessen vorhanden zu sein.

Gentechnik überwindet zwei Begrenzungen der klassischen Züchtung, nämlich (1) die des begrenzten Genpools, und (2) die starke Vermischung von Genomen, die bei der Kreuzung auftritt, weshalb bei der klassischen Züchtung die nicht gewünschten Eigenschaften durch das lange Verfahren des Herauskreuzens wieder eliminiert werden müssen. Herkömmliche Pflanzenzüchtung brauchte zur Serienreife einer neuen Sorte 12 bis 15 Jahre. Dies ist vielfach zu lange für einen schnell wechselnden Markt. Gentechnologie könnte eine Reduktion des Zeitaufwandes auf 5–6 Jahre bringen. Denn es gelingt jetzt die Addition eines genau definierten Gens, wobei die sonstigen

Eigenschaften der manipulierten Pflanze unverändert bleiben. Die neuen Methoden bieten einen nicht unerheblichen Zeitgewinn bei der Herstellung neuer Sorten, und verwirklichen neue Gen-Kombinationen, die auf sexuellem Weg nicht möglich sind. Zwar war auch eine konventionelle Kreuzung über Artgrenzen hinweg möglich, wie das Beispiel der Getreidesorte „Triticale“ als Kreuzung aus Weizen und Roggen zeigt, doch diese Art der Kreuzung blieb auf nahe verwandte Arten beschränkt. Abgekürzt wird dabei jedoch bestenfalls die Phase der Selektion. Nicht verringert werden kann hingegen die Prüfphase der Sortenkandidaten.

Die Einführung der Magarine als Ersatz von Butter geschah ohne Sicherheitsprüfung. Dies wird heute nicht mehr akzeptiert. Für die ethische Bewertung sind neben der Gesundheit des Menschen insbesondere Gesichtspunkte nachhaltiger Entwicklung zu prüfen. Pathogenität, Toxizität und Umweltverträglichkeit sind als Bewertungsgesichtspunkte von großer Bedeutung. Veränderungen in der Pflanzenzucht werden sich im Hinblick auf das Saatgut, auf den veränderten Pflanzengift-Einsatz und auf den Anbau von Industriepflanzen ergeben. Hierbei ist eine fallbezogene Bewertung für unterschiedliche Handlungsbereiche jeweils zu erarbeiten, bei der Handlungsziele und Folgen näherhin bestimmt werden. Für eine ethische Bewertung sind vier Komponenten von Bedeutung: Eine angemessene Systembeschreibung, eine vollständige Beschreibung des Ausgangszustandes, Szenarien für die in der Zukunft liegende Entwicklung und ein Kriterienraster zur vergleichenden Bewertung.

Die Zielsetzungen der neuen biotechnologischen Pflanzenzüchtung liegen in drei Bereichen: (1) Die erste Zielgruppe umfasst Resistenzzüchtung gegen (a) Krankheiten, hervorgerufen durch Viren, Bakterien, Schadpilze und Schadinsekten; (b) Stress wie Temperatur, Salz, Trockenheit und (c) Herbizide. Ein Unterverfahren zu (1a) stelle die Präimunisierung als Immunisierung von Pflanzen gegen Krankheitserreger, insbesondere Viren, dar. (2) Die Beeinflussung von Inhaltsstoffen wie Stärke, Eiweiß, Fett dient auch der Erschließung neuer Nahrungsquellen oder Verfahren zur Erzeugung von Pharmazeutika. (3) Die Art und Weise der Energiegewinnung (Photosyntheseverbesserung) und der Nährstoffaufnahme (wie Low-Inputverfahren von Salz und Stickstoff) soll verbessert werden. Stand traditionell der zweite Bereich im Vordergrund des Züchtungsinteresses, kann man heute eine Schwerpunktverlagerung insbesondere auf den ersten, aber auch auf den dritten Bereich beobachten. Keines dieser Handlungsziele ist als solches ethisch gesehen negativ zu betrachten, so dass die Folgenabschätzung eine weitere Abklärung bringen muss.

Bei der Freisetzung transgener Nutzpflanzen sind insbesondere ökologische Aspekte zu beachten. So ist zu untersuchen, inwiefern die Tendenz zu Monokulturen und Artenschwund verstärkt wird oder ob es durch diese Projekte zu einem Anstieg von Abfall und Abwässern kommt. In diesem Fall könnte solchen Projekten nur dann zugestimmt werden, wenn zugleich Verfahren zu deren ökologisch unbedenklichem Abbau wie etwa einer Kompostierung mitentwickelt werden. Insgesamt ist hier jedoch aus ethischer Sicht kein unüberwindliches Hindernis zu erwarten, denn es lässt sich vermuten, dass Gentechnologie das Abfallproblem insgesamt eher minimiert. Gentechnik in der Pflanzenzucht kann an dem Leitbild nachhaltiger Entwicklung ausgerichtet werden. Gefahrenpotentiale könnten entstehen, wenn die neu geschaffenen Pflanzenvarietäten sekundäre toxische Metaboliten oder ein toxisches Protein bilden. Dies kann insbesondere dann zum Problem werden, wenn das genetische Material exotischer Pflanzen verwendet wird. Aber selbst Pflanzen, die heute allgemein angebaut und verwendet werden (wie z. B. Baumwolle, Rhabarber), enthalten toxische Substanzen. Hier empfiehlt es sich, Gefahrenpotentiale zu erkennen und zu vermeiden. Gegebenenfalls erhöhen Tierfütterungs-Experimente die Nahrungsmittelsicherheit.

Des Weiteren ist ein möglicherweise stattfindender horizontaler Gentransfer zu berücksichtigen. Auch in diesem Bereich gibt es einige Erfahrungen. Aus ihnen lassen sich folgende Kriterien für die Beurteilung von Freisetzungen gewinnen. Zu berücksichtigen ist, ob die transgenen Pflanzen nahe natürliche Verwandte haben. Dies ist in Europa bei den Nutzpflanzen weitgehend nicht der Fall. Auch bei den aus Amerika stammenden Nachtschattengewächsen Tomate und Kartoffel scheint ein solches Risiko kaum zu bestehen. Andererseits zeigen verschiedene Studien, dass es bei bestimmten Varietäten in definierten Lebensräumen zu unbeabsichtigten Kreuzungen kommen kann. Ein bekanntes Beispiel hierfür ist die Hirse in Afrika. Hier gibt es mittlerweile alle möglichen Schattierungen zwischen den ursprünglichen Wildtypformen und der im Ackerbau verwendeten ertragreicheren Zuchthirse. In diesem Bereich gibt es neue Modellvorstellungen für biologisches Containment durch Einsatz von nicht vermehrungsfähigem Saatgut.

Im Hinblick auf die Sozialverträglichkeit der neuen Verfahren als einem weiteren wesentlichen Kriterium der Folgenbewertung ist eine globale Ökonomisierung der Pflanzenzüchtung im Kontext der Biotechnologie zu erwarten. Dies wird voraussichtlich zu einer Konzentration in der Pflanzenzüchtung führen. Da für biotechnologische und gentechnische Forschung hohe Investitionen erforderlich sind, werden diese Firmen voraussichtlich ihre züchterischen Aktivitäten auf einige wenige gewinnträchtige Nutzpflanzen (cash crops) wie Mais, Weizen, Hirse und Reis konzentrieren. Landwirte in der Dritten Welt und ihr Interesse an minor crops kommen zu kurz, genauso wie die Alternative Landwirtschaft. In der Dritten Welt leben 70% der Menschen von der Landwirtschaft. Auswirkungen in diesem Bereich werden daher besonders gravierend sein. Befürchtet wird eine Verteuerung des Saatgutes durch Gentechnik um etwa 30%. Dies verstärkt Tendenzen zur industrialisierten Landwirtschaft und die Förderung des Großgrundbesitzes verstärken. Und dies führt zu einer zunehmenden Verarmung der Bauern in der Dritten Welt. Der Teufelskreislauf aus Abhängigkeit von westlicher Technologie, Devisenmangel, Verschuldung und Hunger wird so nicht durchbrochen. Allerdings ist dieser Teufelskreislauf kein technologisches, sondern ein ökonomisches und politisches Problem. Es muss politisch und ökonomisch gelöst werden und nicht durch die Abschaffung einer Technologie. Dazu muss Forschung für die Landwirtschaft verstärkt von staatlicher Seite unterstützt werden und in internationaler Regie erfolgen, um Kriterien nachhaltiger Entwicklung Genüge zu leisten. Der Fall des Vitamin-A-Reises scheint diesen zu genügen.

Im Bereich der Agro-Biotechnologie sind nur rund 10 international tätige Firmen wirklich aktiv, und es erscheint fraglich, ob sich daran viel ändern wird. Die Arbeiten haben sich bislang vorrangig auf die Entwicklung neuer Pflanzen konzentriert, die im Hinblick auf die Verwendung von Pflanzenschutzmitteln Vorteile haben. Inwiefern sich hier zukünftig Spielräume für typische Biotechnologie-Unternehmen eröffnen, bleibt abzuwarten. Auch sind die aus einer heftigen öffentlichen Debatte resultierenden Vorschriften auf diesem Gebiet sehr restriktiv und für viele kleine und mittelständische Unternehmen wohl auch prohibitiv. Es zeichnet die Biotechnologie aus, dass sie die Grenzen zwischen den unterschiedlichen Disziplinen verwischt. Wenn wir beispielsweise die Lebensmittelsektor betrachten, dann tauchen Begriffe wie „functional food“ „nutraceuticals“, „Prä- und Probiotika“ auf.

Man denkt auch darüber nach, Pflanzen für die Herstellung von Wirkstoffen oder auch von Impfstoffen einzusetzen. Auch neue nachwachsende Rohstoffe wären in diesem Bereich denkbar. Beispielsweise ist das Fettsäuremuster von Ölsaaten wie Raps für eine industrielle Verwertung in Seifen und Detergenzien weniger geeignet als das des Kokosöls. Durch gentechnische Modifizierung kann dieser Nachteil des Raps aber ausgeglichen werden, so dass nun auch in unseren Breitengraden Kokosöl gewonnen werden könnte (vgl. Heiden u. a. 2001, 52f).

Die gegenwärtigen Schwierigkeiten mögen nicht das Ende der grünen Gentechnik sein, aber Monsanto war anfangs Bannerträger und ist nun – als eigenständige Organisation – Opfer der Stagnation geworden. Monsanto stand unter einem enormen Druck, die hohen Vorauskosten der Gentechnik–Strategie rasch amortisieren zu müssen. Als sich der Widerstand gegen GVOs in Europa regte, hatte Monsanto keine Zeit für Zuhören, Dialog und geduldige Überzeugungsarbeit. Weitere Fehler rührten aus der Unterschätzung des Gegners her. Und dann konnte es Monsanto nicht schaffen – im Gegensatz zu seinen Kontrahenten – eine breite strategische Allianz aufzubauen. Die gesellschaftliche Akzeptanz folgt nicht zwangsläufig aus einem Expertendialog über Gentechnik. Notwendig ist die öffentliche Diskussion über Chancen und Risiken – angesichts der Komplexität des Gegenstandes zugegebenermaßen ein eher mühseliger und schwieriger Prozess. Unumgänglich scheint dieser gesellschaftliche Diskurs vor allem in äußerst skeptischen und sicherheitsbewussten Gesellschaften wie Deutschland (vgl. Heiden u. a. 2001, 132–135).

Die zunehmende Nachfrage nach Nahrungsmitteln soll vor allem durch eine Steigerung der Produktivität der vorhandenen Ackerflächen mit standortangepassten, umweltschonenden Anbaumethoden gedeckt werden. Dabei ist zu beachten, dass immer noch ein Drittel der Welternte durch Unkräuter, Schädlinge und Krankheiten verloren geht (Heiden u. a. 2001, 245). So wird geschätzt, dass alleine für Reis die Produktivität bis zum Jahr 2025 um 70 % gesteigert werden muss, um den wachsenden Bedarf an diesem Grundnahrungsmittel zu decken (Heiden u. a. 2001, 262). Auf dem europäischen Markt sind bisher nur wenige gentechnisch veränderte Pflanzen zugelassen. In größerem Umfang wird lediglich Sojamehl und Sojaöl aus herbizidresistenter Soja, deren Import aus den USA in den europäischen Markt seit 1996 erlaubt ist, verarbeitet.

Es gibt einen Welthandelskonflikt. Da gentechnisch veränderte Lebensmittel keine Gesundheitsgefährdung darstellen, wird ein Verzicht darauf eindeutig als Handelshemmnis und damit der Wettbewerbsverzerrung dienend aufgefasst (DFG 2002, 113). Das Bedürfnis des Verbrauchers, über den Herstellungsprozess vollständig informiert zu werden, ist die andere Seite. Außerdem sollte es zu einer Erhöhung von Qualität und Sicherheit der Nahrungsmittel kommen. Der Anbau von GVOs konzentriert sich auf die Länder USA, Argentinien und China (DFG 2002, 121). Produkte aus GVO müssen in der EU gekennzeichnet werden. Damit ergibt sich die Notwendigkeit, Schwellenwerte einzuführen, oberhalb derer ein Produkt gekennzeichnet werden muss. Durch Pollenflug, durch unbeabsichtigte Vermischung oder durch Restbestände in Lagerbehältern können GVOs in das Saatgut konventioneller Sorten gelangen. Dadurch entsteht eine Rechtsunsicherheit aufgrund fehlender Schwellenwerte. In diesem Zusammenhang gibt es folgende Aufgaben: (1) Bestandsaufnahme der gegenwärtig gültigen gesetzlichen Regelungen, (2) Ökologische Grundlagen für die Festlegung von Schwellenwerten, Begleitforschung mit gentechnisch veränderten Organismen, (3) Schwellenwerte für Lebens- und Futtermittel, (4) Die aktuelle Situation und die zukünftige Entwicklung bei den Nachweisverfahren, (5) Schwellenwerte aus der Sicht der Pflanzenzüchtung (DFG 2002, 1f).

Saatgutuntersuchungsprogramme auch für Futtermittel aus GVO und Futtermittel aus transgenen Pflanzen mit minimalen Veränderungen in den Inhaltsstoffen zeigten in den bisher durchgeführten Untersuchungen keine wesentlichen Unterschiede zu isogenen Vergleichslinien. Kleinere Verunreinigungen des Saatgutes und der Futtermittel lassen sich auch bei konventioneller Landwirtschaft nicht vermeiden (DFG 2002, 33–47). In den letzten Jahren wurde insbesondere in Drittländern der Anbau von GV-Pflanzen beträchtlich gesteigert. Spuren von GVOs (in Europa genehmigt oder nicht) treten verstärkt auf. GVOs, die in Drittländern genehmigt sind, nicht aber in der EU, bedürfen ebenfalls der Schwellenwerte. Ziel der Kommission ist, die Koexistenz von gentechnischer, konventioneller und organischer Landwirtschaft in Europa zu gewährleisten (DFG 2002, 65). Es wurden wie erwartet Schwellenwerte zwischen 0 und 1 % von der EU erlassen. Im Hinblick auf die Heterogenität in Saatgutlinien und ihre Verunreinigung sind noch keine experimentellen Daten verfügbar. Insgesamt bedarf es einer Überwachung gentechnisch veränderter Lebensmittel. Im Jahr 2000 wurden zum ersten

Mal in der EU-Verordnung 49/2000 Grenzwerte für Anteile gentechnisch veränderter Bestandteile festgelegt. Eine Kennzeichnungspflicht entsteht in der Regel ab mehr als 1 % Anteil an GVOs bei insgesamt zufälligem Zustandekommen, unter 1 % bei Nicht-Zufälligkeit. In den meisten Fällen bei Soja und Mais liegt jedoch der Anteil an der Nachweisgrenze von 0,1 % (DFG 2002, 92). Die Einführung genotypischer Untersuchungsmethoden für Saatgutsorten wird empfohlen (DFG 2002, 109). Auch die Einrichtung von GVO-freien Zonen mit Trennstreifen wird befürwortet.

6. Ethik für wildlebende, domestizierte und transgene Tiere sowie für Nutz- und Versuchstiere

Tiere ernähren sich im Unterschied zu Pflanzen von anderen Lebewesen, sind meist frei beweglich und mit Sinnesorganen versehen. Von den ca. 1,2 Millionen heute bekannten und lebenden Tierarten (ausgestorben ca. 500 Millionen) sind die meisten Mehrzeller und relativ geschlossene Systeme mit Stoffwechselaustausch. Sie weisen einen hohen Differenzierungsgrad und entsprechende Anpassungsfähigkeit auf. Die Grenze zwischen Tier und Pflanze ist nicht immer ganz eindeutig zu ziehen. In der Philosophie wurde insbesondere seit Descartes der Tier-Mensch-Unterschied, seit Darwin das Tier-Mensch-Übergangsfeld diskutiert. Aus der Nutzungsperspektive des Menschen lassen sich Wild-, Nutz- und Haustier unterscheiden. Angesichts der Bedrohung vieler Tierarten wird heute oft eine Tierethik gefordert.

Tierethik nennt man die Formen eines sittlich vertretbaren Umgangs des Menschen mit Tieren. Hier sind unterschiedliche Einstellungen möglich, nämlich (1) anthropozentrische, (2) pathozentrische und (3) biozentrische. Ethisch entscheidend ist, warum wir Tieren gegenüber zu einem sittlichen Verhalten (z. B. Rücksicht) verpflichtet sind. Die klassische Anthropozentrik (I. Kant) hält grausame Behandlung der Tiere für eine Verletzung der Pflicht des Menschen gegen sich selbst, weil durch Abstumpfung Moralität geschwächt bzw. zerstört wird. Für die Vertreter der Pathozentrik (P. Singer und M. St. Dawkins) im Fahrwasser des Utilitarismus ist die Leidensfähigkeit das entscheidende Kriterium. Sie gehen im Anschluss an Benthams These vom Einbezug auch der Tiere aufgrund ihrer Leidensfähigkeit in Interessensabwägungen aus. Schwierig zu bestimmen sind jedoch empirische Kriterien für tierisches Leiden, z. B. das Phänomen Stress (z. B. Messung des Herzschlages) oder das Verhalten eines Tieres in schmerzhaften Situationen. Die Deutungsspielräume sind erheblich. Diesen methodischen Schwierigkeiten entgehen die Vertreter der Biozentrik (A. Schweitzer, G. M. Teutsch, T. Regan) mit ihrer Forderung einer Gesinnung der „Ehrfurcht vor dem Leben". Moderne biozentrische Positionen berufen sich auf das Bewusstsein von Tieren und ihre Interessen. Von vielen Biozentrikern wird der Unterschied im Bewusstseins leben von Tier und Mensch als nur graduell und nicht als wesensmäßig eingeschätzt, eine problematische Prämisse. Sie fordern daher eine weitgehende Gleichheit von Tier und Mensch. Eine vermittelnde Position nimmt O. Höffe mit seinem Gedanken einer (nach der Organisation der Sinnesorgane und des Zentralnervensystems) abgestuften Solidarität zwischen Mensch und Tier ein. Als Dringlichkeitskriterium interpretiert mündet sie in die Forderung der Gleichbehandlung von Tier und Mensch in vergleichbaren Umständen.

Tierschutzpraktiken sind epochen- und kulturabhängig: In Indien sind aufgrund von Ahimsa (Nicht-Tötungs-Gebot) nicht nur die Rinder geschützt, sondern nach lokaler Tradition jeweils auch viele Wildtiere. In Europa formulierte angesichts der schnellen Expansion der Tierexperimente ab dem 16. Jahrhundert Michel de Montaigne ein umfassendes Grausamkeitsverbot. William Hogarths „The four stages of cruelty" (1715–1751) und Jeremy Benthams (1748–1832) Utilitarismus erkannten die Fähigkeit der Tiere an, Schmerz zu empfinden. Erst seit der Aufklärung, insbesondere seit Jeremy Benthams utilitaristischem Hedonismus, der die Vergleichbarkeit von Tier und Mensch hinsichtlich des Strebens nach Lust und Vermeidung von Schmerz postulierte, lässt sich ein umfassenderer Tierschutzgedanke rechtfertigen. Im 19. Jahrhundert wurden verschiedene Tierschutzgesetze erlassen. Verstärkt wurden theoretische Begründungen des Tierschutzes durch Darwins Evolutionstheorie, die eine Abstammung heute lebender Affenarten und des Menschen von gemeinsamen Vorfahren begründete, weil insbesondere zwischen höheren Säugetieren und dem Menschen nur graduelle Unterschiede bestehen. Der Eigenwert von Tieren bis hin zum Postulat einer Tierperson in der Tierethik als Grundlage für Tierrechte sollten den Tierschutzgedanken aufwerten und philosophisch-ethisch begründen, um den traditionell pragmatisch begründeten Tierschutz zu hinterfragen (Irrgang 1998c).

In der Tat müssen gängige Vorstellungen über Tiere und ihr Bewusstsein korrigiert werden. Verhalten von Tieren ist als fortlaufendes Anpassungsmuster zu verstehen (Griffin 1990, 125). Tiere verändern teilweise ihre unmittelbare Umgebung und erhöhen dadurch ihre Überlebens- und Vermehrungschancen auf lange Sicht. Zu diesem Verhalten gehört die Anlage von Unterkünften, Werkzeuggebrauch (Griffin 1990, 152), das Herrichten von Werkzeugen, wobei die Tätigkeit der Biber besonders faszinierend ist.

Bedeutungsvoll sind auch die Kommunikationsprozesse wildlebender Affen, wobei diese Tiere Schwierigkeiten mit der Beherrschung des stimmlichen Apparates aufweisen. Das Ehepaar Gardner lehrte Affen die amerikanische Taubstummensprache. Doch selbst bei großzügiger Auslegung bleibt ein breiter Graben zwischen der Zeichengebung dieser dressierten Affen und der Sprache von Kindern mit vergleichbarem Wortschatz (Griffin 1990, 249). Und dies ist ein ethisch relevanter Unterschied in der Bewertung von Handlungen und ihrer Moralität. Griffin spricht von der Hypothese eines Bewusstseins von Tieren (Griffin 1990, 260). Zugang zu diesem finde man vielleicht über Tierträume. Wenn auch diese Überlegungen nicht das Konzept einer sittlich zurechenbar handelnden Tierperson begründen, so entwickeln sie doch ethisch relevante empirische Kriterien bei der Berücksichtigungswürdigkeit von Tieren: Schmerzempfindlichkeit, Verhaltensrepertoire, Kommunikationsverhalten und die Möglichkeit von Bewusstsein. Sie sind Gegenstand des Neurodarwinismus.

Sollte es also eine Tierwürde nach Analogie der Menschenwürde geben? Die Tierwürde als ethische Qualifikation der Berücksichtigung von Tieren zielt auf die Leistung des Würdeinhabers ab. Die auf der Leistung des Würdeinhabers beruhende Würdezuschreibung ist aber eine veränderliche. Es gibt eine kontingente Würde aufgrund empirischer Eigenschaften. Und es gibt eine notwendige inhärente Würde, bzw. Würde als eine Mitgift. Angesichts der Schwäche der kontingenten Würde muss der Schwerpunkt der Frage nach einer Tierwürde in Analogie zur Menschenwürde auf eine andere Alternative der Menschenwürde bezogen werden, nämlich auf die notwendige (inhärente) Würde bzw. die Würde als Mitgift. Für die Auffassung, dass die Menschenwürde die Quelle ethischer Verpflichtungen sei, lassen sich überraschender Weise kaum signifikante Vertreter finden. Man hat fälschlicherweise der kantischen Ethik eine bedeutende Rolle in der Begründung der Menschenwürde zuerkannt. Kant hebt die Würde von der Zweckhaftigkeit ab. Die Selbstzweckformel als die zweite Formel des kategorischen Imperativs behauptet aber nichts anderes als die ethische Berücksichtigungsnotwendigkeit des Menschen um seiner selbst willen. Es erfolgt eine implizite Gleichstellung des Menschen mit Gott. Die Selbstgesetzgebung, die Autonomie des Menschen, ist somit das Fundament der kantischen Ethik. Die Annahme des moralischen Gesetzes im Menschen ist aber zweifelhaft. Der moralische Agent und der moralische Betroffene sind zu unterscheiden. Wünsche, Bewertungen und Interessen zweiter Stufe sind etwas anderes als die Selbstzweckformel als Würdezuschreibung (Brenner 2003, 105–111).

Beat Sitter-Liver gründet die Menschenwürde in der Natur des Menschen. Eine solche Würdezuschreibung ist aber nach Kant unerlaubt. Gegen die Ausweitung der inhärenten Würde auf alle ethisch berücksichtigungswürdigen Lebewesen lassen sich vier gewichtige Gründe anführen: (1) Das Prinzip begrifflicher Sparsamkeit. Wünsche, Belange, Interessen auf der empirischen Ebene lassen sich nicht ohne Grund auf die moralische Ebene heben. (2) Die Begriffstradition: Der Würdebegriff sollte aus dem Kontext der Gottesebenbildlichkeit herausgelöst werden, meint aber nicht unbedingt Tier-Mensch-Gleichheit. (3) Würde ist beim Menschen moralisch begründet. (4) Die Wiederbelebung des Würdebegriffs beim Menschen im 20. Jahrhundert ist politisch rechtlich nach dem zweiten Weltkrieg erfolgt. Die Verletzung der Menschenwürde geht mit einer besonderen Erniedrigung einher. Bei der Argumentation wird auf die besondere Fähigkeit der Selbststeuerung und Selbstgestaltung des Menschen zurückgegriffen. Die Bestimmung der Würde als eine vernünftige Bewertungsfähigkeit wird ebenfalls herangezogen. Die Gefährdung der Menschenwürde durch Zwangsernährung, Folter oder die Verwendung von Lügendetektoren wird diskutiert. Tiere können eine eng verstandene, inhärente Menschenwürde nicht haben. Ethik als rechtfertigende Grundlage des Rechtes verbietet eine zu enge Identifizierung von Tierwürde und Menschenwürde. Aber rechtlicher Tierschutz braucht den Gedanken der Tierwürde nicht. Auch der Begriff der Würde der Kreatur ist nicht recht glücklich gewählt (vgl. Brenner 2003, 111–118).

Ist das Reden von der Würde der Kreatur – ihr theologischer Klang legt es nahe – nur ein frommer Wunsch, eine Beschwörungsformel, eine Worthülse der Fortschrittsfeinde? Die Bonitas- (Güte-) bzw. die Dignitas-(Würde-)Tradition findet sich in Genesis 1,1 bzw. 1,31 und bezieht sich auf die Schöpfung als Paradies, die als gut und würdevoll beschrieben wird. In der griechisch-römischen Tradition finden wir die früheste Entsprechung zu dieser Dignitas-Auszeichnung des Menschen vor den Tieren in Verbindung mit einem daraus resultierendem besonderen moralischen Anspruch des Menschen in der Pflichtenlehre des Cicero (vgl. auch Irrgang 1992). Angesichts der mangelnden Spezifität des Würdebegriffs noch im 18. Jahrhundert verwundert es nicht, dass der dänische Philosoph und lutherische Pfarrer

Lauritz Smith recht unspektakulär in der ersten Auflage seiner Pflichtenlehre gegen die Tiere aus dem Jahr 1790 von der Würde der Tiere sprechen kann. Auf der Grundlage der kantische Lehre allerdings können gegenüber Tieren keine Achtungspflichten bestehen, weil Tiere keine moralisch vervollkommnungsfähigen Wesen, keine moralischen Subjekte sind. Aber es bestehen in Ansehung der Tiere durchaus analoge Liebespflichten, wie sie auch gegen Menschen existieren. Der Homo technicus bleibt als Teil der Natur in der Welt der Preise, seine Würde (Dignitas) realisiert er so nicht. Insbesondere Albert Schweitzer fragte nach dem Verhältnis von Leben und Würde. Schweitzer wählt auf der voluntaristischen Basis Schopenhauers einen für ihn indisponiblen Ausgangspunkt in der Selbsterfahrung des Menschen als eines sich im Leben erhalten wollenden Lebewesens. Jean-Claude Wolf schlägt das Konzept einer nicht-meritorischen Würde der Tiere vor. Die meritorische Würde begründet kein Vorrecht gegenüber den Tieren, sondern die Abkürzung für eine tiefere Bindung und Angewiesenheit.

Menschen können am eigenen Leibe den Übelcharakter des Schmerzes erfahren. Aber die Zufügung von Schmerz ist nicht in jedem Falle sittlich verwerflich, etwa bei lebensrettender medizinischer Therapie. So ist der Schmerz bei Tier und Mensch kein ethisches, wohl aber ein ethisch relevantes Kriterium. Schmerz tritt über Speziesgrenzen hinweg auf. Stress, Ängstlichkeit, Furcht und Missbehagen sind Verhaltensweisen, die man auch bei Tieren ablesen kann. Diese alle können unter dem Oberbegriff des Leidens zusammengefasst werden, wobei menschliches Leiden hier noch ganz andere Dimensionen aufweist. Es gibt Verhalten, das Schmerz anzeigt. Die Fähigkeit, Schmerz empfinden zu können, ist bei Tieren ganz unterschiedlich. Z. B. kann der Oktopus Schmerz empfinden, obwohl er nicht über ein zentrales Nervensystem verfügt. Kopffüßler haben insgesamt ein relativ komplexes Nervensystem. Über Schmerzempfindungen bei Insekten besteht Dissens (vgl. Orlans 1993, 141–151).

Ob eine Ausweitung in der Anwendung des Gleichheitsgrundsatzes auf Tiere möglich ist, wie sie biozentrische Positionen fordern, hängt methodisch gesehen von der Bewertung des Gerechtigkeitsgrundsatzes ab. Klaus-Michael Meyer-Abich schlägt eine naturgeschichtliche Begründung des Gleichheitsprinzips als Gerechtigkeitsgrundsatz aus dem naturgeschichtlichen Verwandtschaftszusammenhang heraus vor (Meyer-Abich 1984a, 175). Meyer-Abich formuliert das Gerechtigkeitsprinzip folgendermaßen:

„Das Gleichheitsprinzip, dass zweierlei gemäß seiner Gleichheit gleich und gemäß seiner Verschiedenheit verschieden behandelt werden soll, ist wohl der elementarste Grundsatz der Gerechtigkeit" (Meyer-Abich 1984b, 27). Meyer-Abich glaubt, dass Menschen im Lebenswillen oder in der Schmerzempfindlichkeit weiten Bereichen der Natur gleich seien. Zwar ist nicht zu leugnen, dass im Lebenswillen oder in der Schmerzempfindung Ähnlichkeiten zwischen Menschen und zumindest Säugetieren vorliegen können. Zu bestreiten ist jedoch die behauptete Gleichheit. Zudem wäre sie empirischer und nicht ethischer Natur.

Um dem Problem des naturalistischen Fehlschlusses aus evolutionär begründeten „Ähnlichkeiten" auf sittliche Verpflichtungen zu entgehen (Irrgang 1997, 163–182), wurde ein Gradualismus auf der Basis einer ökologisch gewendeten Gerechtigkeitskonzeption entwickelt. Zunächst ist Höffes Idee einer „abgestuften Solidarität" (Höffe 1984a, 135) zwischen Mensch und Tier zu erwähnen: „Tiere, bei denen aufgrund ihrer Organisationsstruktur (Haut- und Gehirnstruktur) ein qualitativ höherer Grad von Schmerz- und Angstfähigkeit zu erwarten ist, verdienen eine größere Rücksicht als Tiere mit einem qualitativ geringeren Grad von Schmerzfähigkeit" (Höffe 1984a, 136). Diese abgestufte Solidarität erlaubt Güterabwägungen zwischen Tier und Mensch. Dennoch besteht nach Höffe keine Notwendigkeit, ein Tötungsverbot anzuerkennen, denn Tiere haben als Gegenwartswesen kein spezifisches Verhältnis zu ihrem Tod.

Der Begriff der Solidarität ist in diesem Zusammenhang fragwürdig, setzt er doch Hilfeleistung unter gleichberechtigten Personen voraus. Dass ein solches Verhältnis vorliegt, ist im Fall der Tier-Mensch-Beziehung sehr zu bezweifeln. Gemäß der sittlichen Verpflichtung zu einem verallgemeinerbaren, möglichst interessefreien und unparteilichen Standpunkt im Hinblick auf alle Lebewesen jedoch ist unser menschliches Eingriffsrecht nach der Grundmaxime der Fairness gegenüber der Natur abzustufen (Gradualismus). Das abgestufte Dringlichkeitskriterium der Berücksichtigungswürdigkeit von Handlungsbetroffenen (Irrgang 1997, 204–212) berücksichtigt als Gebot der Fairness bzw. der Gerechtigkeit mit anwachsendem Dringlichkeitsgrad Gleichgewichte und Kreisläufe der Natur, die konstitutiv für übergreifende Lebenszusammenhänge sind, Belange des Artenschutzes nicht nur bei Wirbeltieren, nimmt Rücksicht auf Empfindungsfähigkeit und Schmerzfähigkeit von Organismen, nimmt Rücksicht auf Versuche von höher entwickelten Tieren, ein möglichst leidfreies Leben zu führen, gerade wenn wir für sie als Nutztiere eine besondere Verantwortung haben, und zwar nicht nur als Gattungen, sondern auch als Individuen, und erkennt höchstentwickelten Säugetieren wie Affen oder bestimmten Meeressäugern eine sehr hohe Berücksichtigungswürdigkeit zu (Irrgang 1997, 205). Neben Fragen der Ökologie und der kognitiven Ethologie sind hier die Ergebnisse des Neuro-Darwinismus heranzuziehen.

So lässt sich eine differenzierte Ethik des Tierschutzes auf der Basis einer ökologisch reflektierten Anthropozentrik begründen. Tiere sind zu schützen mit anwachsendem Grad ihrer Fähigkeiten und Kompetenzen zu Kommunikation, Schmerzempfindung und Form des Bewusstseins. Unbegründet Schaden Teilen der Natur und insbesondere höher organisierten Tieren zuzufügen, widerspricht dem ethischen Grundsatz der Gerechtigkeit. Um feststellen zu können, ob wir Tieren Schaden zufügen, bedarf es ethisch relevanter empirischer Kriterien. Dabei lassen sich Verpflichtungen gegenüber Tieren oder gegenüber der Natur nicht apodiktisch aufweisen, sondern bedürfen einer Konvergenzargumentation, die möglichst viele der genannten Kriterien berücksichtigt. In der Regel handelt es sich um ethisch relevante empirische Kriterien, die beurteilen helfen, wann Schutzverpflichtungen gegenüber Tieren vorliegen und wann nicht.

Den völligen Verzicht auf Tierproduktion fordert der Vegetarismus, der sich vom Geruch des Sektiererischen befreien möchte und eine rationale Diskussion über den moralischen Status von Tieren immerhin versucht. Im 20. Jahrhundert geht es um eine moderne und zukunftsfähige Ernährung. Ernährung bedeutet kulturelle Identität. Durch Industrialisierung bedingter Nahrungswandel führte zu einem überhöhten Fleischgenuss. Die Versorgungssicherheit bei Nahrungsmitteln durch Industrie führte zu einer Aufhebung der Bindung von Nahrung und Wohnort. Fastenregeln und Festtage in geordneter Abfolge verlieren an Bedeutung. Die Reformbewegung sucht nach einer naturbelassenen, gesunden Produktion. Dies manifestiert sich in einem ernährungsanthropologischen Ansatz. Auch der Prestigewert von Nahrung ist heute zu berücksichtigen. Eiweißhaltige Nahrung war in früherer Zeit den oberen Schichten vorbehalten. Je höher die Industrialisierung in der Landwirtschaft vorangeschritten ist, desto geringer ist der Anteil an Weidefläche. Die Regionalisierung und Internationalisierung der Küche ist ein moderner Trend. Functional Food, Genfood und alternative Ernährungsformen greifen ineinander. In gewisser Weise versucht die Tierschutzethik auf Aristoteles und sein Schema der Wertigkeit der Lebewesen zurückzugreifen. Die Tierrechtsbewegung gegen Tierversuche gewinnt an Profil. Das neue Leitbild heißt nachhaltige Entwicklung und zukunftsfähige Ernährung.

Der Vegetarismus wird mit dem ihm anhängenden Attributen wie Dogmatismus, Enge, Humorlosigkeit, Lustfeindlichkeit und weltanschauliche Überladenheit verbunden. In den letzten Jahren hat ein allgemeiner Rückgang des Fleischverzehrs stattgefunden. Die meisten Menschen wollen sich nicht dauernd im Gegensatz zu ihrem sozialen Umfeld befinden. Insofern ist es nicht leicht, sich dem Vegetarismus verbunden zu fühlen. Die Unterstützung neuer gesellschaftlicher Trends, die den Vegetarismus befürworten, können zur Förderung eines vegetarischen Lebensstils führen. Vegetarismus soll als ganzheitliche Lebensform einschließlich einer Rückbesinnung auf eine pflanzlich orientierte Ernährung propagiert werden. Dies wird Auswirkungen auf die landwirtschaftliche Produktion und die Beschäftigtenanzahl in der Landwirtschaft haben. Dabei wird häufig genug schützenswertes und weniger schützenswertes Leben unterschieden.

Die Gentechnik und ihre Verfahren haben im Wesentlichen bislang keine neuen Zuchtziele formuliert. Allerdings scheinen ihre Methoden bei der genetischen Fixierung des jeweiligen Zuchtzieles erfolgreicher zu sein als herkömmliche Methoden. Zudem ist durch sie ein Beschleunigungseffekt zu erwarten. Auch in der traditionellen Tierzucht dienten die jeweils verfügbaren fortpflanzungsbiologischen Maßnahmen dazu, eine möglichst gute genetische Fixierung der gewünschten Merkmalskombinationen zu erreichen. Hier und nicht in der Formulierung neuer Ziele liegen die Fortschritte der Biotechnologie in der Tierzucht. Moderne biotechnologische Methoden bringen eine Verbesserung der Empfindlichkeit von Züchtungsmethoden.

Tierzucht zielt auf die Verbesserung tierlicher Leistungen. Diese sind hormonell und genetisch gesteuert. Auf beiden Ebenen kann die neue Biotechnologie ansetzen, um Nutzleistungen zu vergrößern. Die natürliche Selektion erfolgt nach der Fitness der Individuen. Gene von Tieren mit hohen Nachkommenzahlen sind entsprechend stark in der Nachfolgegeneration vertreten. Daher musste in der traditionellen Züchtung immer versucht werden, Leistungsmerkmale mit Fitnessprofilen zu koppeln. Fitnessmerkmale sind Ovulationsrate, Überlebensrate während der intrauterinären

Entwicklung, Überlebensrate bis zum Reproduktionsalter, Anzahl der Jungen bei der Geburt, Anzahl der Geburten pro Jahr und die Nutzungsdauer. Bei gleichbleibenden Umweltbedingungen ist eine Verminderung der Fitness zu erwarten, wenn eine scharfe Selektion auf ein Leistungsmerkmal erfolgt. Bei einer drastischen Steigerung der Milchmenge ist daher mit Einbußen bei anderen Leistungsmerkmalen zu rechnen. Die Domestizierung war eine umfassende Veränderung der Umwelt für die Tiere, die Leistungssteigerungen möglich machten. Doch auch sie konnte die Selektionsgrenzen und die Antagonismen der Leistungssteigerung nicht außer Kraft setzen.

Künstliche Besamung und Embryotransfer sind inzwischen zu festen Bestandteilen der Züchtungspraxis geworden, auch wenn sich bei der hormonell induzierten Superovulation und Brunstsynchronisation zur Embryonengewinnung noch Verbesserungen erzielen lassen. Praxisreife hat die In-vitro-Fertilisation als Methode der Geburtssteuerung beim Rind erreicht. Sie wird die Verfügbarkeit von Embryonen und die Wirtschaftlichkeit des Embryotransfers verbessern. In Kombination mit der Gendiagnostik ist es möglich, das Geschlecht oder zunehmend auch andere Erbmerkmale solcher Embryonen bereits vor dem Embryotransfer zu erkennen, um so züchterische Entscheidungen gezielter treffen zu können. Ebenfalls im Aufbau befindlich ist das Klonieren von Rindern. Hiermit lassen sich genetisch sehr homogene Zuchtlinien mit optimierten Eigenschaften im Sinne menschlicher Zuchtziele aufbauen. Sie bieten weiterhin unter seuchenhygienischen Gesichtspunkten verbesserte Möglichkeiten. Die Methoden der Fortpflanzungsbiologie haben mit Gentechnik als Methoden grundsätzlich nichts zu tun, sie stellen aber Verfahren bereit, ohne die eine Erzeugung transgener Tiere nicht möglich wäre, da diese durch das Einbringen neuer Gene in die Keimbahn von Säugetieren auf In-vitro-Fertilisation angewiesen ist.

Im Hinblick auf evolutionär-ökologische Risiken wird die Erzeugung transgener Tiere über Artschranken hinaus als ethisch erhebliches Problem eingestuft. Zum einen ist zumindest bei den höheren Tieren die Art durch Fortpflanzungsgemeinschaft definiert. Arten entstehen evolutionär gesehen über relativ kurze Zeiträume, nämlich in etwa 10.000 bis 15.000 Jahren. Doch obwohl der Mensch mit dem Hund über einen solchen Zeitraum züchterische Erfahrung besitzt, ist ihm die Züchtung einer neuen Art noch nicht gelungen. Zwar konnten Esel und Pferd zum Maultier gekreuzt werden, doch Maultiere sind nicht fortpflanzungsfähig, so dass von einer neuen

Art nicht gesprochen zu werden vermag. Es wird daher nicht so leicht zur Entstehung neuer Arten im Unterschied zu neuen Rassen kommen. Artüberschreitender Gentransfer ist sittlich so lange unproblematisch, als es sich um einzelne Merkmale handelt, die produzierten Tiere gesund und in ihrem Verhalten nicht gestört sind.

Artüberschreitender Gentransfer beim Nutztier bedingt keine speziesübergreifende Änderung der Paarungsgemeinschaft. Auch ein transgenes Schwein bleibt ein Schwein, das sich allerdings aufgrund der genetischen Individualität von anderen Schweinen an vielen Genorten unterscheidet. Unterschieden werden muss hier die transspezifische Evolution, die in langen Zeiträumen zu entsprechenden Divergenzen mit Bildung eigener Fortpflanzungsgemeinschaften führt und die intraspezifische Evolution mit der Bildung von Rassen. Der Gentransfer bewirkt keine transspezifischen Evolutionsschritte. Die Tatsache, dass beim Gentransfer Sequenzen von einer Paarungsgemeinschaft auf eine andere übertragen werden, führt zwar innerhalb der aufnehmenden Art zu einer Erhöhung der genetischen Variabilität, bedingt aber keine speziesübergreifende Änderung der Paarungsgemeinschaft. Es widerspreche allen biologischen Erkenntnissen, die Artgrenze als ethische Grenze zu definieren.

Auch die Freisetzung transgener Nutztiere stellt kein eigentliches Problem dar, da zumindest bei normalen Nutztieren ein Entkommen aus einem eng umgrenzten Bereich eigentlich unmöglich sein sollte. Die Rückholbarkeit sollte wenigstens in der Anfangsphase der Freisetzung transgener Nutztiere aus Vorsichtsgründen gewährleistet sein. Bei Wildtieren (außer bei konsequenter Gehege Haltung), kleineren Säugern, Fischen oder gar bei Insekten müsste wegen der potentiell nicht gegebenen Rückholbarkeit vorsichtiger umgegangen werden. Insbesondere bei Insekten scheint eine Begrenzung auf einen bestimmten Raum nicht mehr möglich zu sein. Hier könnte zwar zu anderen Strategien gegriffen werden, wie Sterilität oder die Einführung von Suizid-Genen, die durch Kälte, Hitze oder bestimmte Nahrungsmittel aktivierbar wären. Derartige Versuche wären dann im Einzelnen ethisch zu bewerten. Doch scheint in diesen Fällen äußerste Vorsicht geboten, solange die potentiellen Wechselwirkungen mit der Umgebung dieser Tiere nicht bekannt sind.

Die Haltungsbedingungen stehen in einem steten Konflikt mit der ökonomisch erforderlichen Kostenminimierung. So ist z. B. das Nestbauverhalten beim Hausschwein genetisch verankert. Sollte dies – falls dies irgendwann einmal möglich wäre, ohne gravierende andere Nebenwirkungen fürchten zu müssen – mit gentechnischen Mitteln verändert werden können, sollte dann dem Schwein dieser Instinkt entfernt werden, um ihm Schmerzen zu ersparen, ohne die Haltungsbedingungen ändern zu müssen? Neben der Tiergesundheit werden häufig als Kriterium die Bedürfnisse einer Art angeführt. Diese gelte es zu erforschen. Besonders zu berücksichtigen sei die Verpflichtung zu artgemäßer Behandlung und zu artgerechter Haltung und Fütterung der Tiere. Einschränkungen der Bewegungsfreiheit in Schmerz erregender Weise verbieten sich aus ethischer Perspektive. Doch gegen den Begriff des „Artgemäßen" lassen sich berechtigte Einwände anführen. Denn die Domestikation der Nutztiere habe zur Steigerung der psychischen Toleranz und damit zu einem Verhaltenswandel und einem Wandel im Stresssystem geführt, verbunden mit einer Abnahme der Gehirngröße. Aufgrund von Verhaltensunterschieden zu Wildformen sei das Kriterium des Artgerechten auf domizierte Arten so nicht anzuwenden. Die Behauptung des Verhaltensforschers Wolfgang Wickler ist damit nicht von der Hand zu weisen, dass „artgemäß" eine irreführende Kategorie sei und ein Interesse des Tieres gar nicht erkannt werden könne, sondern nur ein weiteres Interesse des Menschen am Tier darstelle. Ein günstigeres Maß als das Wohlbefinden seien Stresssymptome, die physiologisch relativ gut definiert seien (vgl. Wickler 1980, 248). Auch der Begriff des Schadens scheint praktikabel, weil sich Schäden anders als Leiden, Bedürfnisse, Wohlbefinden oder Interessen empirisch und oft auch direkt im Vergleich mit Unversehrtheit feststellen lassen. Schäden sind darum auch ein wichtiges Bewertungskriterium.

Eine Folgenbewertung wird auch die menschliche Gesundheit nicht unberücksichtigt lassen dürfen. Die in Nahrungsmitteln enthaltene Nukleinsäure wird beim Kochen und Braten weitgehend denaturiert. Dasselbe gilt für Proteine, so dass in diesem Bereich Risiken für die menschliche Gesundheit kaum zu erwarten sind. Wegen der Magensäure ist es zudem wenig wahrscheinlich, dass selbst nicht denaturierte Nukleinsäure in den menschlichen Körper gelangt. Dies ist für die Bewertung von Rohprodukten wichtig. Allerdings erscheinen die Teile von Tieren (also z. B. die Euter), eventuell die Tiere selbst für den menschlichen Verzehr als ungeeignet, wenn sie im Rahmen des Drug-Farming medizinisch hochaktive Proteine enthalten. Die Verwendung von Produkten transgener Tiere sind dabei insgesamt praktikabel zu regeln. Zuvor allerdings könnten sich aus Vorsichtsgründen Fütterungsversuche am Tier empfehlen. Besondere Vorsicht könnte auch beim Verzehr von Tieren geboten erscheinen, bei denen ein menschliches Transgen benutzt wurde.

Einige Zivilisationskrankheiten sind auf einen zu hohen Fleischgenuss zurückzuführen. Die größere Zahl von chronischen Erkrankungen ist zudem als ernährungsbedingt einzustufen. Hierin scheint das eigentliche Problem zu liegen. Dennoch ist Rückstandsfreiheit und eine bessere Kennzeichnung von Fleischprodukten anzustreben, auch was transgene Tiere als Ausgangsmaterial für Nahrungsmittel betrifft. Zudem könnte Food-Engineering mithilfe der Gentechnologie zu Nahrungsmitteln gelangen, die weniger tierisches Fett, Cholesterin und Purine enthalten. Auch Nahrung ohne toxische Beimengungen könnten erzeugt werden, etwa bei Kartoffeln oder Spinat, wo dies unter natürlichen Bedingungen der Fall ist. Betrachtet man daher die positiven und potentiell negativen Folgen der Gentechnologie bei der Lebensmittelproduktion, so scheint die positive Seite deutlich zu überwiegen.

Ein weiteres Problem stellen Tierversuche dar. In der biomedizinischen Forschung, in der Arzneimittelentwicklung, in der Prüfung von Substanzen auf ihre Verträglichkeit und Unbedenklichkeit sowie nicht zuletzt im Umweltschutz scheinen eine gewisse Anzahl von Tierversuchen unumgänglich zu sein. Der Tierversuch gibt im Vorfeld der medizinischen Forschung eine Orientierung über die Wirksamkeit eines Verfahrens oder einer Substanz. Hier ist das Tier Stellvertreter des Menschen. Experimente mit Tieren sind mit einer gewissen Unsicherheit behaftet. Daher sollten Tierversuche, insbesondere wenn sie mit Schmerzen verbunden sind, auf das unerlässliche Maß reduziert und alle Alternativmethoden ausgeschöpft werden.

Tierversuche sollen spezifische Anzeichen oder Symptome einer menschlichen Gesundheitsstörung oder Krankheit herausfinden. Sie dienen der Bewertung ätiologischer, kausalanalytischer Theorien bestimmter Krankheiten, wobei inzwischen sogar psychische Krankheiten zum Gegenstand der Modellierung gemacht werden, also Krankheiten, die als spezifisch menschlich gelten. An den Tiermodellen sollen die zugrundeliegenden Mechanismen studiert und eventuell bestehende Behandlungsmethoden präklinisch bewertet werden. Ein Modell ist vielleicht nichts anderes als eine

Menge von Postulaten, die zusammengestellt werden, um eine Krankheit oder ein Verhalten zu simulieren. Dagegen wird oft eingewandt, derartige Versuche der Modellierung gehörten in die mechanistische Tradition und seien dem Reduktionismus zuzuordnen. Methodisch entscheidend ist die speziesübergreifende Generalisierung. Die legitime Extrapolation ist von einer Über-Generalisierung bestimmter Ergebnisse zu unterscheiden.

Eine Verallgemeinerung von Beobachtungen im biomedizinischen Experiment impliziert zwei Ebenen der Extrapolation: (1) Von einem gewissen Set von Beobachtungen allgemein auf die Population, von der diese Daten gewonnen wurden, und (2) von Beobachtungen gewonnen an einer Spezies auf Aussagen über andere Arten schließen. Empirische Beobachtungen zur Überprüfung einer Hypothese gewinnen durch ihre Beziehungen zu anderen Beobachtungen im Rahmen einer vereinheitlichenden theoretischen Modellvorstellung zusätzliches Gewicht. Krankheitsmodelle können durch Selektion fixiert oder durch chirurgische Eingriffe, durch Applikation von Pharmaka, durch Exposition mit bestimmten Bedingungen oder durch Einsatz infektiöser Mikroorganismen erzeugt werden. Die Vorgänge bei der Integration transferierter Gene sind noch nicht vollständig geklärt und mit Ausnahme der homologen Rekombination erfolgt die Integration in das Genom mehr oder weniger zufällig.

Mithilfe klassischer Methoden wurden Ratten als Modelle für Bluthochdruck, Arthritis-Ratten, SCID-Mäuse, diverse Krebsmäuse und Modelle zur Überprüfung von Neuropharmaka entwickelt. Nach ersten Experimenten mit der Regulation der Expression des Größenwachstums in Mäusen und Ratten und der Entwicklung der Riesenmaus werden für das biomedizinische Experiment häufig Mäusen, Ratten, Kaninchen, Schafen, Schweinen und Kühen Gene eingepflanzt, die menschliche Krankheiten in diesen Tieren simulieren sollen. Transgene Tiere enthalten im Genom ein zusätzliches, von außen eingeführtes und gut charakterisiertes Gen, das von einer anderen Spezies stammen kann. Der Gentransfer ermöglicht eine gezieltere Modellbildung, ein größeres Anwendungsspektrum und schnellere Modellentwicklung als herkömmliche Modelle. Dies wird langfristig die Zahl der benötigten Versuchstiere reduzieren. Am bekanntesten sind die sogenannte Krebsmaus, an der Krebsentstehung wie Krebstherapie erprobt wird, und die SCID-Maus.

Im Hinblick auf die Folgen für die Tiere lassen sich Tierversuche folgendermaßen klassifizieren:

1. Experimente an Gewebekulturen, wobei primäre und permanente Zellkulturen unterschieden werden müssen; primäre Kulturen bedürfen ständig neuer Tiere;
2. Experimente an isolierten Organen oder Organteilen; auch hierzu müssen Versuchstiere getötet werden; doch lassen sich mit einem Tier erheblich mehr Versuche durchführen;
3. Experimente an narkotisierten Tieren, wobei in den meisten Fällen die Tötung noch in Narkose erfolgt; und
4. Experimente mit wachen Tieren, entweder (a) mit unwesentlicher Beeinträchtigung (z. B. bei Immunisierungsexperimenten) und (b) an wachen, vorbehandelten Tieren. Hier sind die Tiere im wesentlichen Messwertnehmer und schutzbedürftig.

Die Vertreter der Biozentrik und der Physiozentrik, die von Eigenrechten der Natur ausgehen, sehen transgene Tiere im biomedizinischen Experiment als in sich verwerflich an. Denn wir erzeugen hier bewusst Tiere, deren einziger Daseinszweck darin besteht, stellvertretend für Menschen zu sterben und zu leiden und ein für Menschen nützliches Wissen zu erzeugen. Von ihren Vertretern wird daher eingewandt: Tiere können niemals ihre Zustimmung zu Versuchen geben. Und deshalb ließen sich Tierversuche niemals rechtfertigen (Kaplan 1993, 143). Diese Behauptung jedoch ist aus ethischer Sicht nicht berechtigt, denn wenn jemand zur Zustimmung grundsätzlich nicht in der Lage ist, kann dies für eine sittliche Entscheidung kein Kriterium sein. Denn nach der Logik dieser Behauptung dürfte man einen Bewusstlosen (sei es Tier oder Mensch) und generell kein Tier einer tierärztlichen Behandlung unterziehen, weil diese der Behandlung auch nicht zustimmen können. Dass die eine Art der Behandlung häufig zum Tode, die andere meist zum Erhalt des Lebens führt, ist für das Zustimmen-Können irrelevant. Also ist aus einem Nicht-Können kein absolut geltendes Verbot abzuleiten, sondern die Verpflichtung zur Suche nach anderen Kriterien. Allerdings muss daraus geschlossen werden, dass ethische Richtlinien für den Umgang mit Versuchstieren erarbeitet werden sollen, weil Tiere selbst ihre Beteiligung an Experimenten nicht kontrollieren und ihnen nicht widersprechen können.

Für die klassische Anthropozentrik sind diese Tiermodelle kein ethisches Problem. Dass sie zur Verrohung des Menschen beitragen, ist unwahrscheinlich, der therapeutische Nutzen winkt zumindest potentiell und Befriedigung der Neugierde und das Stillen des Wissenstriebes stellen für einen klassischen Anthropozentriker Werte dar, dem Tiere geopfert werden dürfen. Die hier vertretene Verantwortungsethik löst den mit transgenen Tiermodellen verbundenen Konflikt mithilfe des Dringlichkeitskriteriums, wenn sonst alle Möglichkeiten der Vermeidung von Tierversuchen ausgeschöpft sind. Dann scheinen Tierversuche unter einer Reihe von Bedingungen ethisch verantwortbar: (1.) „dort, wo es in der sogenannten Grundlagenforschung um die Verbesserung der fundamentalen Lebensbedingungen des Menschen geht", (2.) „dort, wo gezielte Erkenntnisse zur Vorbeugung, Erkennung oder Heilung von Krankheiten gewonnen werden sollen", (3.) muss „das angestrebte Ziel auf keine andere Weise und mit keinem gleichwertigen, das Wohl des Tieres jedoch weniger beeinträchtigenden Mitteln erreicht werden" können und schließlich (4.) „auf das unbedingt erforderliche Maß beschränkt bleiben" (Elsässer 1986, 732f). Nach diesen Kriterien beurteilt, sind eine ganze Reihe von Tierexperimenten heute sittlich nicht zu rechtfertigen, wenn sie auch teilweise vom Gesetzgeber vorgeschrieben sind, etwa bei Verträglichkeitstests von Kosmetika.

Wenn sich schon eine Wirksubstanz in Zellkulturen und/oder in Tierversuchen als toxisch erwiesen hat, sollten wir sie am Menschen nicht überprüfen, es sei denn, es gäbe konkrete Anhaltspunkte dafür, dass sie im Menschen anders wirkt. Hinsichtlich der Übertragbarkeit gibt es im Tierreich kein ideales Modell für den Menschen. Transgene Tiere verbessern die Übertragbarkeit der Erkenntnisse durch gezielte Erzeugung von Modellen wohl in den meisten Fällen. Daher wird das Konzept der neuen Biotechnologie in der biomedizinischen Forschung durch die Verknüpfung von Alternativ-Methoden und transgenen Tiermodellen voraussichtlich in vielen Bereichen belastende Versuche (gerade bei Krebs und bei Neuropharmaka) weiter verringern helfen und zudem die Kosten senken. Den Einsparungsaspekt als wesentliches Bewertungskriterium für Projekte mit transgenen Tiermodellen aufzunehmen, ist daher ethisch verpflichtend.

Zwei ethisch relevante Probleme werden im Zusammenhang mit der Versuchstierforschung erwähnt. Es handelt sich um die Frage des zugefügten Schmerzes und des Todes. Denn die überwiegende Mehrzahl gerade transgener Tiermodelle werden vor oder nach dem Experiment getötet. Auch bei herkömmlichen Tierversuchen sind es 70 bis 80%. Schmerz ist in erster Linie vom biologischen Standpunkt aus betrachtet Information, die allerdings im Zusammenhang mit den Experimenten nicht funktional ist. Schmerz und Stress kann die Versuchsergebnisse in unerwünschter Weise beeinflussen und sollte daher meist schon aus methodischen Gründen ausgeschaltet werden. Ergebnisse von leidenden und verängstigten Tieren sind wissenschaftlich wertlos. Und artgerechte Tierhaltung ist Voraussetzung für das Gelingen eines Verhaltensversuches (DFG 1993, 12–15). Hier können ethische Argumente unterstützend eingreifen.

Ein besonderes Problem stellen die Experimente dar, die chronischen Schmerz für die Tiere implizieren wie etwa bei Toxizitätsstudien und bei Tumorexperimenten im späten Stadium. Akuter Schmerz in Experimenten kann meist gut durch Narkotisierung und Tötung noch in der Narkose umgangen werden . Chronischer Schmerz hingegen stellt ein quälendes Leiden dar, der weitmöglich zu vermeiden ist. Schmerzvolle Experimente lassen sich letztlich nur rechtfertigen, wenn es höchst wahrscheinlich ist, dass die entsprechenden Versuche zu einer Reduktion des Leidens führen, das größer ist als das, welches sie verursachen. Dabei ist zuzugestehen, dass diese Wahrscheinlichkeitsabschätzung im Einzelnen nicht leicht durchzuführen ist. Beim Tierversuch zu Ausbildungszwecken handelt es sich um bereits bekanntes Wissen, aber technische Fähigkeiten müssen vermittelt werden, die man nicht nur aus Büchern lernen kann (Smith/Boyd 1991, 241–243). Andererseits werden Operationen allein für die studentische Ausbildung oder zur Demonstration für sittlich unstatthaft gehalten. In der biomedizinischen Forschung, in der Arzneimittelentwicklung, in der Prüfung von Substanzen auf ihre Verträglichkeit und Unbedenklichkeit sowie nicht zuletzt im Umweltschutz scheinen eine gewisse Anzahl von Tierversuchen unumgänglich und damit in begründeten Fällen auch ethisch vertretbar zu sein. Der Tierversuch gibt im Vorfeld der medizinischen Forschung eine Orientierung über die Wirksamkeit eines Verfahrens oder einer Substanz. Hier ist das Tier Stellvertreter des Menschen. Experimente mit Tieren sind mit einer gewissen Unsicherheit behaftet. Über den Versuchsaufbau und die Anordnung des Experimentes urteilt der Experte in der Regel am sichersten.

Die Suche nach Wirkstoffen erfolgt heute schon oft in Zellkulturen oder mittels Computer-Simulation. Tiermodelle sind aus der Wirkstoffsuche weitgehend verdrängt. Doch die Aufklärung von molekular-biologischen Wirkungsmechanismen von Medikamenten in einem komplexen Organismus lassen sich letztlich nur am Tier vornehmen. Generell kann die Wirkung eines Arzneistoffes im Tier viel umfassender untersucht werden als im Zellsystem. In-vitro-Methoden oder Ersatz- und Ergänzungsmethoden zum Tierversuch (die Alternativ-Methoden, deren Begriff umstritten ist) basieren auf moderner Zellkulturtechnik, also auf Biotechnologie. Es gelten die drei „R“: Refine (Verfeinern), Reduce (Vermindern) und Replace (Ersetzen). Toxizitätsprüfungen stellen angesichts der unüberschaubaren Zahl zu testender Substanzen eine besondere Herausforderung dar, Tierversuche zu ersetzen.

Dennoch hängt die biomedizinische Grundlagenforschung wesentlich von tierexperimentellen Methoden ab (DFG 1993, 28). So ist die Untersuchung des Immunsystems und die Erforschung von Antikörpern abhängig von Tierversuchen (DFG 1993, 23). Auch Metastasierung kann nur in vivo untersucht werden. Gleiches gilt für Erkrankungen des Gefäßsystems, die auf Fehlfunktionen des Stoffwechsels beruhen, für chronische Erkrankungen des Nervensystems, für Autoimmunerkrankungen, allergische Krankheiten und chronische Infektionen (DFG 1993, 35f). Zellkulturen, isolierte Organe oder histologische Schnitte können weder Stoffwechselorgane, noch den Blutkreislauf, die Blut-Hirn-Schranke oder eine komplexere Verschaltung von Organfunktionen simulieren (DFG 1993, 46). Dies führt letztlich zu der Verpflichtung, durch Verfeinerung der Tierversuche ihre Anzahl zu senken, wo sie schon nicht durch Alternativmethoden ersetzt werden können. Zum Abschluss zwei Tabellen zur Tierethik:

Ethische Gesichtspunkte und Heuristik ethisch relevanter empirischer Kriterien
1) *Gleichbehandlungsregel und abgestuftes Dringlichkeitskriterium der Schmerzvermeidung* abgestuftes Dringlichkeitskriterium der Schadensfähigkeit (Schmerzempfindungsfähigkeit, Empfindungsfähigkeit, Zentralnervensystem, Bewusstsein und Todesbewusstsein)

2) *Nichtschadensregeln* (im Sinne der Verträglichkeitskriterien der Nachhaltigkeitskonzeption) ökologische Verträglichkeitskriterien Kriterien der Toxizität, Pathogenität und Tiergesundheit humanökologische und sozialethische Verträglichkeitskriterien internationale Verträglichkeit und Auswirkungen in den Entwicklungsländern
3) *Verbesserungsregeln* (zur Realisierung der Nachhaltigkeitskonzeption) Wissenserweiterung in der Grundlagenforschung Verpflichtung zur weitmöglichen Kompensation von bestehenden Schadensereignissen Verbesserung von Verfahren, Produkten, Strategien im Vergleich zu bestehenden Alternativen Ausrichtung an Kreislaufwirtschaft, erneuerbaren Rohstoffen und Recycling-Grundsätzen
4) *Vorsichtsregeln* größere Prognosesicherheit; Vermeidung von Schädigung
5) *Tierwürde?* Peter Singer: Tierperson; empirischer, naturalisierender Begriff; traditionelle Merkmale für Personalität: Rationalität und Selbstbewusstsein; Selbstbewusstsein bei Schimpansen und bei Dementen? Grenzfälle und Gattungskompetenzen; Kants Selbstzweckformel (implizite Subjektivität und menschliche Leiblichkeit; Irrgang 2005b, Irrgang 2007b, Irrgang 2009b)

Kriterienkatalog Tierethik

1. Gerechtigkeit
2. Gleichbehandlung unter vergleichbaren Umständen; Schmerzempfindungsfähigkeit als vergleichbarer Umstand; Nichtschadensprinzip? Lebensrecht? Tierperson? Sittlichkeit von Tieren?
3. Tier-Mensch-Vergleich (hinsichtlich einzelner Kompetenzen; z. B. Todesbewusstsein, Zukunftsbewusstsein, Schmerzfähigkeit)
4. Physiologische Schmerzkriterien; Schmerztypologie; Abstufungen

7. Schluss: Bioethik als Forschungsethik

Grundlagenforschung wird traditionell durch theoretische Neugierde oder durch den zu erwartenden Nutzen legitimiert. Kern des traditionellen wissenschaftlichen Ethos ist das Objektivitäts- und Wertfreiheitspostulat der empirischen Wissenschaften (Max Weber). Methodische und kritische Rationalität erhalten quasi-sittlichen Wert, Objektivität als vorurteilslose Betrachtungsweise wird dem Unparteilichkeitsprinzip utilitaristischer Ethiken gleichgesetzt und der Wissenschaft ein moralischer Status zugebilligt. Die positiven Folgen von Wissen als Herrschaft über die Natur legitimiert Wissenschaft durch die Fortschrittskategorie (technisch und ökonomisch) und die menschliche Bedürfnisbefriedigung. Gerät die Idee wissenschaftlicher Rationalität selbst ins Kreuzfeuer der Kritik, so bedarf es einer Rechtfertigung zweiter Ordnung im Rahmen einer grundsätzlicheren Reflexion der Wissenschaft. Diese unterscheidet Wissenschaft als Handlungssystem (Wissenschaft als Prozess der Wissenserzeugung) und als System des Wissens (Wissenschaft als Resultat). Die herkömmliche Wissenschaftstheorie beschäftigte sich überwiegend mit dem System des Wissens (Popper) oder fasste das Handlungssystem Wissenschaft als System von instrumentalisierten Operationen (Luhmann) auf. In beiden Zugangsweisen spielt Ethik keine Rolle.

Diese traditionelle Wissenschaftsidee trägt den Veränderungen empirischer und technologisierter Grundlagenforschung nicht mehr Rechnung. Sie war im Grunde bereits für die neuzeitlich-experimentelle Naturwissenschaft falsch, die immer schon instrumentelles technisches Handeln implizierte. Handlungstheoretische Deutungen des Forschungsprozesses bauen die Brücke zur Forschungsethik. Sie tragen dem innovativen Charakter der Forschung mit ihren Risiken Rechnung und führen in ein Konzept von Forschungsethik als Verantwortungsethik, welches unser Nichtwissen, unsere fehlerhafte Prognostik und die Pluralität der Wertvorstellungen in den forschungsinternen wie öffentlichen Bewertungsprozess von Forschung einbringt. Forschungsethik ist daher als Diskurs zu konzipieren, in dem der Ethiker nicht-strategische und nicht-interessengebundene, sondern universalisierbare Argumentationen vorschlägt.

Computer dekodieren das Erbgut, Teilchenbeschleuniger liefern Datengebirge, in denen ausgeklügelte Programme nach Spuren des Urknalls suchen. Neuartige Teleskope oder Mikroskope erweitern die digitalen Werkzeuge mit Blick auf ungeahnte komplexe Zusammenhänge. Wo einst Forscher selbst kausale Zusammenhänge zwischen Beobachtungen erkannten, verzichtet heute manches Computerprogramm auf die hilfreich lenkende Hand des Menschen. Dürfen Wissenschaftler also schon Morgen den Hut nehmen und sich aufs Altenteil zurückziehen? Doch scheint dies insgesamt übertrieben zu sein. Hypothese und Theorie gehören also längst noch nicht auf den Schrottplatz der Wissenschaftsgeschichte – im Gegenteil. Aber die Rolle des Forschers verändert sich durch die Datenmengen und diese rechnergestützten Interpretations-Programme nachhaltig. Das Problem besteht darin, dass viele Forscher den Ergebnissen der Computer ohne Prüfung vertrauen. Dies führt in der Tat zu einer gewissen Entmachtung der Wissenschaftler, allerdings keineswegs zu einer Abschaffung der Forschung und der Wissenschaft.

Moderne Technologie involviert Wissenschaftler, die technologisch arbeiten und Technologien, die als Wissenschaften funktionieren. Die traditionelle Meinung, dass die Grundlagen-Forschung das als Wissen hervorbringt, welches die Technologen dann anwenden, bringt uns nicht weiter im Verständnis gegenwärtiger Technologie, die immer mehr Technoresearch wird. Sie haben nicht Wissenschaft und Technologie verstanden, weil diese sozial dasselbe hervorbringen (Irrgang 2008a), nur in unterschiedlicher sozialer Art und Weise. Wissenschaft und Technologie sind beide sozial konstruierte Kulturen. Die Komponenten technologischer Systeme sind sozial konstruierte Artefakte. Die Personen, die das elektrische Licht und die Elektrizitätskraftwerke aufgebaut und erfunden haben, entwickelten nicht nur Generatoren und Transmissionen, sondern auch organisierte Formen wie elektrische Reproduktion und die entsprechenden geschäftlichen Unternehmen. Weil diese Komponenten eines technologischen Systems interagieren, charakterisieren sie zentrale Elemente dieses Systems, z. B. strukturierte das Management eine bestimmte Nützlichkeit von elektrischem Licht und für elektrische Energie, indem sie durch ihre organisatorische Art unterstellt und Nutzungsmöglichkeiten vorschlägt, die abhängig ist von der funktionierenden Hardware oder den Artefakten in dem System. Gleichzeitig unterstellt man dem Management eines technologischen Systems, dass es oft technische Komponenten auswählt, die die Struktur unterstützen, in der eine Gesellschaft am Markt aufgetreten ist.

Die Anforderungen der Praxis in Pharmakologie, Medizin, Züchtung, agrarischer Produktion, nachwachsenden Rohstoffen und in der angewandten Bioingenieurkunst (Nanotechnologie usw.) gehen über das Leistungsniveau traditioneller nichttechnologisierter Forschung und Wissenschaft (Experimentalwissenschaft) hinaus, so dass sich technologisierte Laborwissenschaft auch in der Grundlagenforschung an technologisierter Forschungspraxis orientiert. Es kommt zur Aufwertung des Kunstcharakters in Technik und Technologie in der Forschungspraxis, zu einer Neubewertung des Umgangswissens bzw. impliziten technischen Wissens und zu einer Veränderung der Komponenten der Wissenschaft in der technologisierten Forschungspraxis durch technologische Praktiken. Technisches bzw. technologisches Umgangswissen und seine wissenschaftliche Reflexion bzw. Systematisierung konstituieren eine technologische Praxis, eine technologisierte Laboratoriumspraxis. Wissensgewinn ist ein pragmatisches Kriterium, welches bei der Umsetzung in Produkte und Theorien auch ethische Relevanz erhalten kann. Warum der Wissenserwerb nur um des Wissenserwerbes willen – reine Theorie oder Grundlagenwissenschaft – ethisch besonders hoch stehend sein soll, ist aus pragmatischer Perspektive keineswegs einsichtig (Irrgang 2008a).

Die scientific Community, die wissenschaftliche Ergebnisse hervorbringt, quasi produziert, greift dazu auf eine technologische Struktur zurück, die keinesfalls identisch mit einer industriellen Produktionsstätte ist. Methodologie, technische Verfahren und experimentelle Praktiken sind für den Problemlösungsprozess wissenschaftlicher und technologischer Probleme in einen Gesamtzusammenhang offener Art zu bringen, der Laboratoriumswissenschaft genannt werden kann. Die Beteiligung großer firmeneigener industrieller Forschungslabors sowie privater Forschungslabors von Universitätsangehörigen und Existenzgründern sind ebenfalls Ausdruck der Technologisierung. Dabei wurde die Vermischung von Wissenschaft und Technologie vor allem soziologisch untersucht. Besonders interessant aber ist die methodologisch-epistemologische Ebene. Der Rahmen aber differenziert sich aus. Fakten werden innerhalb dieses Horizontes technisch gemacht wie neue Lebewesen. Dieses „Machen“ ist aber keinesfalls bloß ein allgemein sozialer Tatbestand, sondern vor allem Ausdruck einer technischen

Praxis. Wissenschaft wurde auch früher schon sozial konstruiert, neu aber ist die technische Signatur dieser sozialen Konstruktion von Wissenschaft, die eine eigene Art reflexiver Strukturierung erforderlich macht und zu einer eigenen Epistemologie technologisierter Forschung führt (Irrgang 2003b). Die moderne Technologie, die sich insbesondere in der Informationstechnologie, der Biotechnologie und der Biomedizin und Nanotechnologie finden, gehört nicht zum Gegenstandsbereich der klassischen Ingenieur- und Technikwissenschaften, sind aber Teil des modernsten Verständnisses von Technik und müssen in die wissenschaftlich-methodologische Reflexion über Technologie einbezogen werden (Irrgang 2010).

Eine Epistemologie oder gar eine Wissenschaftstheorie von Technoresearch gibt es noch nicht. Ansätze finden sich in Irrgang 2003b, Irrgang 2008a und Irrgang 2010. Die Praxis von Technoresearch ist ja auch noch nicht vollständig etabliert. Technologie wird immer dominanter in der wissenschaftlichen Forschung und damit der Kunstcharakter der wissenschaftlichen Praxis. Nach dem Zeitalter der Massenproduktion kehren wir gewissermaßen zur Technologie zurück, natürlich nicht so, als ob sich inzwischen technologisch nichts ereignet hätte. Der Kunstcharakter wird erneuert, allerdings im Kontext einer umfassenden Digitalisierung und Ausweitung der Kunst der Simulation. Mit der Wiederkehr des Kunstcharakters der Technologie ist eine Rückkehr zum Visuellen – nach dem Zeitalter des Formalen – erfolgt. Das Auge des Ingenieurs wird durch den Computer ersetzt, aber nur scheinbar, denn selbst beim „rapid prototyping“ bedarf es der ständigen menschlichen Kontrolle. In der Verknüpfung von Nanotechnologie und Digitalisierung kommt es zu einer gewissen Sichtbarmachung des Nanobereichs schon deshalb, damit Kunden mit den so erzeugten technologischen Produkten umgehen lernen können. Auch das technologische Potential müssen Kunden abschätzen können, so dass Vertrauen in Nanotechnogien entstehen kann. Technik bleibt sichtbar und die Black-Box muss zumindest grau werden, um akzeptabel werden zu können (Irrgang 2008a, Irrgang 2010).

Technische Anwendbarkeit ist laut Ian Hacking (Hacking 1996, 431f) zu einem Bewährungsfeld wissenschaftlicher Aussagen erster Ordnung geworden. Wenn das richtig ist – und vieles spricht dafür – sind transgene Nutzpflanzen genauso gerechtfertigt wie synthetische Lebewesen oder gentechnisch erzeugtes Insulin. Warum sollte diese Art Bewährungswissen sittlich verwerflich sein? Weil es die alte Selbstzwecklichkeit der Wissenschaft hinter sich lässt? Grundlagenforschung nimmt in vielen Bereichen weiterhin eine wichtige Funktion ein. Der einzige Hinderungsgrund dafür könnte ein ethisches Kriterium sein, wenn nämlich zu gravierend negative Risiken zu erwarten sind. Die neue Bewährung von Technoresearch Ergebnissen (sei es Wissen oder seien es technische Artefakte wie Medikamente, Nahrungsmittel, transgene Tiere und Pflanzen) erfordern Freilandexperimente genauso wie die Anwendung der Physik in Flugzeugen, Raketen, Automobilen, usw. Noch nicht ganz verstandenes Wissen nimmt auch in der Wissenschaft zu, solange sie noch Forschung ist (so Klimaforschung, Evolutionstheorie oder Entwicklungsbiologie). Wissen und Können lassen sich zwar analytisch noch unterscheiden, in der Praxis (Forschungspraxis) greifen sie aber immer mehr in einander. Der Output von Technoresearch ist nicht mehr nur Lehrbuchwissen, sondern auch Produkte, die patentierbar sind. Expertensysteme in der Informationstechnologie, Roboter und synthetische Lebewesen, aber auch Kunststoffe, Medikamente und neue Materialien sind der Output der Forschung und Teil des wissenschaftlichen Wissens und Könnens. Selbst wenn das Wissen wertfrei sein sollte, der Umgang mit Wissen ist sittlich zu qualifizieren.

Da das Risiko der Nichtvorhersehbarkeit für menschliches Handeln grundsätzlich unvermeidbar ist und nur partiell abgearbeitet werden kann, ist es nicht grundsätzlich ethisch verwerflich, solche Risiken auch einzugehen, wenn man zur Änderungen der Handlungsstrategie bereit ist, falls neue erhebliche relevante Bewertungsmaßstäbe auftreten. Die Betrachtung der Wissenschaft und Technologie als Praxis, welche Potentiale schaffen und damit Macht im Sinne von Ermächtigung hervorbringen bewirken eine Ethisierung der Wissenschaften. Macht ist eine Frage humaner Selbsterhaltung und grundlegender Verantwortung. Die Technologisierung der Forschung erhöht zwar die Betrugsmöglichkeit (z. B. bei der Herstellung von digitalen Photographien und bei der Erzeugung von Plagiaten), gibt aber auch Mittel an die Hand, diese schneller technisch zu entlarven. Die Technologisierung verändert vor allem das Methodenverständnis von Wissenschaft, d.h. der Praxisseite und der Forschungsseite im Sinne einer Technisierung und betont neben dem Argumentieren immer stärker den Erfolg des Unternehmens. Fallgeschichten als experimental analoge Mittel und Gedankenexperimente können auch in der Ethik als Kunst vorkommen. Die forschende Ethik kann also als Kunst verstanden werden, die dogmatisch normative Ethik als Wissenschaft. Eine forschende Ethik ist korrekturoffen, als experimentelles Vorgehen, erprobend, versuchendes Handeln mit der Bereitschaft zur Korrektur. Insofern kann als das Laboratorium der Ethik die interdisziplinäre Arbeitsgemeinschaft angesehen werden.

Die Verdrängung der akademischen Wissenschaft begann mit dem 2. Weltkrieg. Ob es im Verlauf der letzten Generation einen Sündenfall in der Wissenschaft gegeben hat, ist eine Frage, deren Erörterung jedes Mal mehr Hitzigkeit als Erleuchtung mit sich bringt. Vorläufer waren die chemische Industrie in Deutschland am Ende des 19. Jahrhunderts und die industrielle Durchdringung der Wissenschaft in den USA. In dieser Vereinigung von Wissenschaft und Technik liegt die Hoffnung auf der Verwirklichung des ältesten Traumes auf materiellen Überfluss für die ganze Menschheit. Die Industrialisierung der wissenschaftlichen Forschung führte aber zum Wachstum der Größenordnungen und der formellen Organisation und es kam zu einer größeren Ausprägung der Interessenkonflikte. Ein Großteil der technischen Entwicklungsarbeit wird vom Staat durchgeführt und dient dem Gebrauch außerhalb des Marktsektors etwa für militärische Zwecke. Dieses Vorwärtsstürmen ist unserer Kontrolle entglitten. Im inneren Gefüge der neuen Technik fehlt die traditionelle Disziplin, der marktwirtschaftlich zu erzielende Profit.

Die Technologisierung der klassischen Naturwissenschaften führt zu externen Problemen, die nun der Wissenschaft selbst zugerechnet werden: von der Atombombe bis zur Umweltkatastrophe, nicht immer zu Unrecht. Ethische Probleme entstehen intern und extern im Zentrum wissenschaftlicher Forschungspraxis selbst. Nachhaltigkeit empfiehlt sich als Leitbild für die neue Allianz von Technologie, Wissenschaft und Ökonomie. Das technisch rationale mechanistische Leitbild der Moderne, das des Homo Faber, muss überwunden werden durch ein Leitbild vernetzter Technologie, einer hochkomplexen technologisierten Hypermoderne als Grundlage einer neuen technologischen Kultur des 21. Jahrhundert Die technologische Moderne die sich zu Beginn des 20. Jahrhundert entwickelt hat mündet nicht in eine Postmoderne, sondern in eine Hypermoderne des 21. Jahrhunderts. Grundlage dieser neuen Hightech-Zivilisation sind synthetische Rohstoffe, synthetische Lebewesen und synthetische Informationen. Sie allesamt bedürfen der Interpretation, damit der Umgang mit ihnen überhaupt möglich wird. Die Technisierung der Alltagswelt machte die erste Hälfte der technologischen Revolution aus, die Technologisierung der Alltagswelt beschränkte sich zunächst weitgehend auf Informationstechnologie. Das Konzept technischer Systeme denkt Technik artefaktorientiert. Tatsächlich entwickelte sich Technik entlang von Entwicklungspfaden und bildet rückvernetzte Strukturen, eingebettet in einen gesellschaftlichen, kulturellen und geschichtlichen Kontext die einzelnen technologischen Entwicklungsstränge werden wieder autonom. Systeme scheinen Projekte zu sein, doch so entwickeln sich nur einzelne technische Systeme. Der Sinn einer Epoche lässt sich nur im antizipatorischen Vorgriff erschließen. Das Zeitalter der großen Maschinen ist wohl vorbei, auch wenn noch einzelne Maschinen gebaut werden. Nun erfolgt ein Wandel zu ökologisch orientierten Bauweisen (Irrgang 2002b).

Aber auch interne Probleme entstehen durch die Struktur von Technoresearch mit methodologischen wie institutionellen Seiten. Die Tätigkeit des Wissenschaftlers ist dadurch charakterisiert, dass die Erweiterung seines Wissens über einen bestimmten Teil der Welt für ihn ein Primärziel und nicht nur ein Instrument zur Erreichung eines anderen Zieles darstellt. Es gibt eine Reihe von Varianten des wissenschaftlichen Fehlverhaltens. Wichtig sind dabei der Zeitgeist und die Anmaßung eines nicht vorhandenen Wissens. Organisierte Interessen und soziale Schichtung des Wissenschaftssystems (Statushierarchie unter Personen, Laboratorien, Nationen) interferieren in unterschiedlichster Weise mit der Entwicklung der Forschung. Nur in der besten aller Wissenschaftswelten, in der viele verschiedene Paradigmen miteinander konkurrieren, werden die negativen Konsequenzen dieser innovationsfeindlichen Belohnungsstruktur hinreichend abgefedert. Die Innovationsfeindlichkeit zeigt sich auf mehreren Ebenen. Viele Beispiele dokumentieren, das Phänomene, die von der institutionalisierten Wissenschaft zunächst vehement und teilweise über eine sehr lange Zeit abgelehnt wurden, weil sie nicht mit der disziplinären Matrix der kursierenden Forschung kompatibel waren, sie später tatsächlich als echt erwiesen können (vgl. Fischer 2007, 3f).

Die Koppelung von sozialer, politischer, medialer und kognitiver Struktur in der Wissenschaft modifiziert den Erkenntnisprozess grundsätzlich auf eine sachfremde Weise. Eine der sozialen Basen für die Entwicklung und Durchsetzung neuer Ideen besteht in der Teilgruppe jener niedriger Forscher, die nicht erwarten kann, durch besondere Konformität ihren Status zu erhöhen. Die höhere Dichte der Binnen- gegenüber der Außenkommunikation hat neben der Begrenzung der Quantität unkontrollierter und deshalb möglicherweise dissonanter Informationen noch eine weitere Funktion. Dabei kommt es oft zu einer unsachgemäßen Kollegenbewertung durch Peer-Reviews. Indizien für Fehlfunktionen in der Wissenschaft finden wir im heute nahezu flächendeckend eingeführten System der Kollegenbeurteilung. Es kann Jahrzehnte dauern, bis Spitzenleistungen als solche anerkannt und in Form von Zitaten entsprechend gewürdigt werden. Gerade die innovativsten Leistungen zählen zu denen, die am häufigsten verkannt werden, und es sind in der Regel die jungen Nachwuchstalente, die die Folgen zu tragen haben und sich enttäuscht von der Forschung abwenden. Dies sind Konsequenzen der sozialen Kontrolle im Wissenschaftssystem (vgl. Fischer 2007, 5–7). Drittmittel Einwerbungen erfolgen größtenteils auf der Basis von Gutachten, die von gewählten oder bestellten Fachleuten auf der Basis der eingereichten Förderanträge geschrieben werden. Sie sind somit Teil des sog. Peer-Review-Systems, also der Bewertung von Forschungsleistung durch Fachkollegen. Dieses System hat gravierende Schwächen, die zu systematischen Verzerrungen der Bewertungen führen können. Die Peers verfügen wohl nicht über objektive Kriterien für wissenschaftliche Qualität (vgl. Fischer 2002, 109–111).

Ergebnisoffenheit ist das Kennzeichen innovativer Forschung, aber sie verursacht Unbehagen bei jenen, die immer alles unter Kontrolle haben möchten, weil sie – wie etwa die Verantwortlichen für die Vergabe von Drittmitteln – anderen gegenüber rechenschaftspflichtig sind. Erfolgreiche Forschung muss permanent mit dem Unvorhersehbaren rechnen und in der Lage sein, flexibel auf diese zu reagieren. Obwohl möglicherweise der größte Teil der gegenwärtig betriebenen Wissenschaft – und vielleicht ein viel größerer der Technik – auf Planung beruhen mag, entzieht sich jedoch gerade ein strategisch zentraler Aspekt von Wissenschaft und Technik der Steuerbarkeit: Das Aufspüren neuer Pfade in unbekanntes Gelände. Man kann argumentiert, das viele Entdeckungen durchaus planerische Elemente enthalten und auf theoretischen Erwartungen beruhen. Auf der gegenwärtig beobachtbaren Manie, alle Aspekte von Forschung planen zu wollen, beruhen einige der gefährlichsten Fehlfunktionen der Wissenschaft. Unter dem Diktat leerer Kassen fordert die Politik die Wissenschaft auf, Forschungsmittel von privaten Sponsoren und von der Industrie einzuwerben. Parallel dazu macht sich die Tendenz breit, die Freiheit der Wissenschaft, einfach so herum zu forschen, zu beschneiden und sie auf gesellschaftliche Relevanz zu verpflichten. Relevante Forschung im Sinne der Politik ist freilich schwer zu bestimmen. Pathologisch ist dieser Prozess deshalb, weil die Wissenschaftler bei Veranlassung gar gezwungen werden sollen, systemfremde Werte und Codes zu ihren Primärwerten oder Primärcodes zu machen. Eine immer wichtiger werdende Fehlfunktion der Wissenschaft leitet sich aus der politisch gewollten Ökonomisierung der Forschung ab (vgl. Fischer 2007, 8–10).

Wer Zitate als Maßstab für Evaluationen benutzen will, muss zumindest davon ausgehen, dass seine Datenbasis im Wesentlichen zuverlässig und stabil ist, und dass Zitate als Leistungsmaße angesehen werden können. Zitatraten sind aber als Indikatoren für Forschungsleistungen nur bedingt geeignet (vgl. Fischer 2007, 12–14). Ein Zitierindex umfasst die Quellen und vorbereitenden Studien. Die Einfachheit des Zitierindexes ist Quelle seines Erfolgs. Die Zitatrate ist eine scheinbar einfache Tatsache für die Bedeutung einer Quelle, die an sich keiner Interpretation für weitere Arbeiten bedarf. Er gilt als Indikator für Forschungsproduktivität. Es gibt aber Probleme, Qualität in diesem Index abzubilden (vgl. Garfield 1979, 19–35). Nun gilt die Zitierhäufigkeit als Maß für wissenschaftliche Qualität schlechthin (vgl. Garfield 1979, 98–123). Wissenschaft lässt sich als ein auf Wissenszuwachs gerichtetes methodisches Problemlösen verstehen, das anhand schriftlicher Publikationen reproduziert und überprüft werden kann. Dies ist mit der akademischen Freiheit verbunden, nach der Wahrheit zu suchen und das für wahr Gehaltene zu publizieren und zu lehren. Mit diesem Freiheits-Recht ist eine (ethische) Verpflichtung verbunden, nicht einen Teil des als wahr Erkannten zu verschweigen oder gar zu verfälschen. So lässt sich ein normatives Begründungsfundament epistemischer Arbeit methodisch und ethisch rechtfertigen (vgl. Fischer 2007, 50–53). Die immer stärkere Verschränkung von Grundlagenforschung und angewandter Forschung ist aber nicht nur Ausgangspunkt für Fehlfunktionen in der Wissenschaft. Bei der Klimaforschung wie bei der Umweltforschung generell geht es um von der Gesellschaft gewünschte Beiträge der Wissenschaft zur Zukunftsvorsorge unserer Gesellschaft (vgl. Fischer 2007, 18f.). Gesellschaftliche Faktoren können eine epistemisch erfolgreiche wissenschaftliche Entwicklung auslösen und beschleunigen, aber auch verzögern (vgl. Fischer 2007, 56).

Das Unternehmen Wissenschaft muss, sobald es kollektiven Charakter angenommen hat, so organisiert werden, dass seine Fähigkeit zur Zielerreichung gesichert (im Idealfall maximiert) und nicht eingeschränkt wird (vgl. Fischer 2007, 71f). Mit „Big Science" wird die Versuchung zum Großbetrug größer. Der Mythos des objektiven, selbstlosen Wissenschaftlers stimmt immer weniger. Die Änderung des Status der Wissenschaftler von einer Schar weniger Auserwählter zu einem von vielen ausgeübten Beruf führt zur Lockerung des Standesethos. Ab Mitte des 20. Jahrhunderts unterschieden sich die Arbeitsbedingungen von Forschern grundsätzlich von denen früherer Wissenschaftler. Im Manhattan Projekt entstand Militärforschung im großen Stil. Edison war ein professioneller Erfinder, nicht mehr der klassische Wissenschaftler, der nur die Wahrheit erkennen wollte. Der gemeinsame Arbeitsstil entwickelte sich im Laboratorium und begründete das amerikanische System der Wissenschaften mit großen Forschungsinstituten (vgl. Trocchio 1999, 73–86).

Über die wissenschaftliche Forschung wacht nun eine bürokratische Maschinerie, die über die Geldzuweisungen entscheidet. Voraussetzung dafür ist die Begutachtung von Finanzierungsanträgen. Mit dem allmählichen Anwachsen der Zahl der Wissenschaftler wurden die kreativen und innovativen Wissenschaftler gegenüber den mittelmäßigen prozentual immer weniger. Die schöpferischen und hoch intelligenten Menschen werden nun zunehmend von der Forschung ausgeschlossen (entsprechend dem Horizont derer, die über Forschungsanträge entscheiden). Der Wissenschaftsbetrug ist eine Begleiterscheinung vor allem der Big Science. Das Problem liegt nicht allein im System, sondern in den aufgeblähten Dimensionen, die es im letzten Jahrzehnt angenommen hat (vgl. Trocchio 1999, 89–107). Kontrollierbarkeit aber setzt das gläsernen Labor, das transparente Laborbuch, das öffentliche Arbeitszimmer voraus. Doch wer sich permanent ins Reagenzglas oder auf die Tasten schauen lassen muss, gibt vorzeitig Informationen preis, die andere benutzen können, um ihn zu überholen oder auszustechen. Psychologisch ist diese Situation insbesondere für die kreativsten Forscher schwer zu ertragen. Vor allem müssen sie fürchten, dass ihre Ideen gestohlen werden. Um dies zu verhindern, werden die Beobachteten neue Strategien der Selbstinszenierung entwickeln, die den Beobachtern eher ein gewolltes als ein wahrheitsgetreues Bild vermitteln. Wer die Kontrollen übertreibt und den Kontrolleuren zu viel Macht einräumt, schädigt die Wissenschaft (vgl. Fischer 2004, 95). Schädlicher als der Schuldige, der sich durch gefälschte Daten mitunter tausende an Drittmitteln erschleicht, sind Innovation hemmende soziale Strukturen der Wissenschaft, die Bildung von Oligarchien und Gefälligkeitsnetzwerken, die zur unsichtbaren Fehlverteilung von Forschungsmitteln im großen Maßstab und zur Ausgrenzung hoch innovativer Wissenschaftler und unkonventioneller junger Talente führen (vgl. Fischer 2004, 100).

Heute betrügen die wissenschaftlichen Söldner und treibt hauptsächlich das Eigeninteresse zum Betrug. Die neue Art des Betrugs verweist auf das ökonomische System. Die Anwendung der Methoden und die methodologischen Regeln sind kein ausreichender Schutz mehr vor der Versuchung durch das ökonomische System. Die wissenschaftliche Praxis ist nämlich nicht nur durch methodologische Regeln bestimmt. Auch die Verletzung methodologischer Regeln kann forschungspragmatisch sehr erfolgreich sein. Methode ist ein anderes Wort für Forschung bei Platon und bei Aristoteles, nämlich die Vorgehensweise von wissenschaftlichen Untersuchungen. Die Methode umfasst Kunstgriffe und ist so für Betrug und entsprechende Strategien grundsätzlich offen. Man kann nicht die Methode abschaffen, um den Betrug zu verhindern. Also bleibt nur eine gesunde Skepsis. Die These von der Gleichförmigkeit der Natur erlaubt die technische Nutzung der Natur und die Wiederholbarkeit von Experimenten. Wissenschaftliche Theorien werden immer häufiger falsifiziert: dies ist wissenschaftlicher Fortschritt. Wissenschaftlich akzeptierte Ergebnisse, die auf der Wiederholbarkeit von Experimenten basieren, erscheinen später in völlig neuem Licht. Dahinter steht das zentrale Problem des Übergangs vom Experiment zur Theorie. Es ist eine Hermeneutik der Experimente und ihrer Ergebnisse erforderlich, bevor man den Schritt zur Theoriebildung wagen kann (vgl. Trocchio 1999, 218–233).

Das wissenschaftsinterne Ethos betrifft zunächst Formen wissenschaftlicher Auseinandersetzung. Diese können intern wie extern konstituiert sein. Die ethische Dimension in diesem Zusammenhang manifestiert sich insbesondre in der Sachbezogenheit der Formen wissenschaftlicher Auseinandersetzungen, die nicht von persönlicher Feindschaft geprägt sein sollte. Die Wissenschaftlergemeinschaft konstituiert eine wissenschaftliche

Öffentlichkeit in zweifacher Richtung nämlich intern für andere Wissenschaftler zunächst der eigen Disziplin, aber dann auch interdisziplinär und zweitens für die nichtwissenschaftliche Öffentlichkeit, wobei der Wissenschaftsjournalismus wichtige Aufgaben erfüllt. Die wissenschaftliche Öffentlichkeit ist am Gemeinwohl orientiert und hat einen internen Mechanismus, Fehler oder auch Betrug, falls er vorkommen sollte, zu eliminieren. Mehr braucht man auch nicht zu verlangen. Ethisch gesehen besteht die Verpflichtung, keine Fehler bewusst zu produzieren, um persönliche Vorteile davon zu haben. Wichtig scheint in diesem Zusammenhang zu sein, das Wissenschaftler nicht nur im Sinne des traditionellen Wissenschaftsethos eine interne Verpflichtung zur Rechtfertigung der eigenen Aussagen und Ergebnis hat, sondern in der Lage sein muss, die eigenen Positionen und Beiträge zur Wissenschaft auch nach außen rechtfertigen zu können. Wissenschafts- und Technologie-Reflexions-Kultur stehen an der Schnittstelle zwischen interner und externer Wissenschafts- und Technologieethik.

Das in der Forschungspraxis vorkommende Misslingen gehört nicht zu Fehlfunktionen von Forschung. Die Gültigkeit und Verwertbarkeit wissenschaftlicher Erkenntnis, (also von Wissenschaft) ist – traditionell gesehen – im Unterschied zur Forschung von ihrer Genese unabhängig. Das traditionelle wissenschaftliche Ethos geht als Wissenschaftsethik auf eine Ethik des Wissens und damit auf eine Ethik der Wahrheit ihrer Sicherung, die Forschungsethik als eine Ethik des Könnens inklusive Technoscience und Forschungsethik zielt auf Verantwortbarkeit der Ziele und Folgen von Forschung. Als vierten Bereich gibt es die Technologieethik als Ethik von Technoresearch und Ethik des Laboratoriums. Hier entstehen Fragen der Erlaubtheit von Tierversuchen und Humanexperimenten. Eine Ethik, die den modernen Naturwissenschaften und er Forschung entspricht, ist eine Ethik der Korrekturoffenheit und der zetetischen Methode (forschende als hermeneutische Ethik: Irrgang 2007a). Es geht um kollegiale Kritik und Selbstkritik (Respekt vor der gemeinschaftlichen Forschertätigkeit, die verbindet). Es handelt sich um eine kognitive Ethik des Wissens Wollens und nicht des recht behalten Wollens. Man mag die Ökonomisierung der Wissenschaft bedauern, aber sie ist heute nicht zuletzt eine Konsequenz der Technologisierung von Forschung und Wissenschaft. Wissenschaft hat die

Aufgabe, permanent falsches Wissen (Irrtümer) zu eliminieren, egal ob sie mit guter oder mit böser Absicht in die Welt gesetzt wurden.

Für wissenschaftliche Erkenntnisse als öffentliche Güter, für die niemand garantieren kann und die deshalb durch Veröffentlichung verschenkt werden, kann die Rechtsordnung nur Freiräume schaffen (oder verweigern), aber keine Rechtsgüter für volle Eigentumsansprüche und normale Vertragsregelungen formulieren (vgl. Spinner 1996, 731). Die Wissensordnung bildet den ordnungspolitischen Rahmen für Wissen aller Art, in jeder Menge und Güte, um alle seine möglichen Gebrauchsweisen in einer Weise zu regeln, die den Besonderheiten der Welt des Wissens gerecht wird. Im Gegensatz zur bibliothekarisch- archivarischen Klassifikationsordnung der Wissensträger (Bücher, Dokumente usw.), Wissensgegenstände (Sachgebiete), Forschungsrichtungen (Disziplinen) ist die Wissensordnung keine buchstäbliche (z. B. alphabetische), inhaltliche (nach Themen), methodische (nach Verfahren) oder algorithmische Ordnung, die alle Abläufe vorschreibt und die Handlungsresultate vorweg nimmt, sondern eine offene Ordnung, um Freiräume des Wissens zu schaffen, innerhalb derer man sich an den ordnungspolitischen Regelungen orientieren kann (vgl. Spinner 1996, 737).

Die Freiheit zum Verändern fremden Wissens ohne entgegenstehende Eigentumsrechte, die Freiheit vor Informationseingriffen in die „eigene" Meinung und das selbstbezogene Wissen so wie gleichgestellte Geheimnisse, die Freiheit zum Verbreiten des „öffentlichen" Wissens ohne Zensur – das sind die drei großen Freiheiten der Welt des Wissens, für die es einer sie ermöglichenden und gestaltenden Wissensordnung bedarf. Was darüber hinausgeht, ist Sache der Wissensethiken. Das aufkommende Informationszeitalter bringt aufgrund der Technisierung mehr ins Spiel als lediglich neue, technisierte Wissensarten (wie das Datenwissen), Wissensrechte (z. B. der informationellen Selbstbestimmung) und die Deliktarten (Softwarediebstahl bis zum Lauschangriff). Der Wandel der Wissensordnung besteht in der technikinduzierten und marktgetriebenen Aufhebung der klassischen Trennungen durch gegenläufige Fusionen unter Bildung von Eigentum auch an geistigen Gütern, Ideen, und Interessen (Finalisierung), Theorie/Praxis-Verbindungen und Angleichung des wissenschaftlich-kulturellen Sondermilieus an die Normalbedingung des gesellschaftlichen Umfeldes. Ordnungspolitik macht praktische Ethik nicht überflüssig, sondern möglich und effektiver (vgl. Spinner 1996, 740–747). Die Wissenschaftsethik ist ein Ethos epistemischer Rationalität. Es geht um den Gemeinbesitz wissenschaftlichen Wissens. Die Voraussetzung dafür ist ein epistemischer Universalismus. Die Fragen der Geltung wissenschaftlicher Überzeugungen werden universalistisch interpretiert (vgl. Nida-Rümelin 1996, 779–783). Der Ausweitung der Verantwortungszuschreibung steht eine Verengung der Verantwortungsfähigkeit gegenüber (vgl. Nida-Rümelin 1996, 787). Im Zusammenhang mit einer Erweiterung des traditionellen Wissenschaftsethos um kollektive, korporative und institutionalisierte Verantwortungsdimensionen bleibt festzuhalten, dass diese eine Erweiterung darstellen, aber kein Ersatz für das Ethos epistemischer Rationalität sind (vgl. Nida-Rümelin 1996, 799).

Es gibt drei Typen erfolgreichen Forscherhandelns, erstens Irrtumsvermeidung, zweitens die Einführung des Neuen und drittens wohlbegründetes Entscheiden über Theorien. Der wissenschaftliche Fortschritt ist nicht schlichtweg mit der Gewinnung von Wissen gleichzusetzen. Irrtumsvermeidung ist ein zentrales Interesse Wissen schaffender Praktiken. Die bekannteste Thematisierung der Verknüpfung von Irrtumsrisiko und Forschungshandlungen enthalten Überlegungen in Ernst Machs klassischem Buch *Erkenntnis und Irrtum*. Machs Anstoß hat keine Fortsetzung gefunden, bzw. der schon früher sich abzeichnenden Vernachlässigung des Irrtumsbegriffs nicht entgegenwirken können. Die Ubiquität des Bezeugten in der Forschung, bzw. eines unverzichtbaren, testimonialen Anteils allen Forscherwissens ist offenkundig. Diese These verweist auf die Unabdingbarkeit von Vertrauensverhältnissen, das heißt von vorgängigen, positiven Entscheidungen über die Verlässlichkeit der Angaben anderer und legt es im nächsten Schritt nahe, über die persönlichen Qualitäten von Forschern nachzudenken. Das Fußnotenwesen drückt sowohl die Zielvorstellung, wie auch die Unabdingbarkeit historischer Arbeit aus. Wichtig ist die Rekonstruktion der Glaubwürdigkeit von Zeugnissen (vgl. Charpa 2001, 139–155). Sittliches Verhalten und ethisch qualifizierte Strukturen erhöhen das Vertrauen der Wissenschaftler untereinander und fördern Forschung und Wissenschaft.

Innovation meint die Verbesserung der alten und die Entwicklung von neuen Fähigkeiten von Menschen und ihrer gesellschaftlichen Organisation. Technologische Innovation bedeutet Wachstum in der Macht der menschlichen Technologie, neue und verbesserte Produkte und Dienstleistungen zu etablieren. Die Wirkungen technologischer Innovation auf den Menschen und seine Umgebung waren sowohl gut und nützlich wie zerstörerisch. Die Grundpfeiler der Technologie sind Ideen. Erfindung, Akkumulation, Austausch und Anpassung sind die treibenden Faktoren technischer Entwicklung. Es sind nur ganz wenige Erfindungen, die sich sehr schnell weltweit durchgesetzt haben. Sie betreffen nicht selten Kommunikationsstrukturen wie das Telefon, den Rundfunk und Fernsehen, Multimedia und das Internet, die zu den spezifischen Kulturtechniken gehören. Inzwischen ist Technik in der technischen Modernisierung selbst zum Leitbild geworden. Technik, Technologie und Technoscience haben sich zur dominanten Leitkultur entwickelt. Technologien sind nicht autonom, autark oder eigen determiniert, sondern multistabil (Ihde 1993), weil diese Technologien eingebettet sind in ihren Gebrauch, in ihre Kultur und in einen politischen Prozess, also in vielfältiger Form abhängig sind von Interpretationsprozessen und Leitbildern. Hier ist Ethik gefragt. Gelegentliche Betrugsaffären sind damit jedoch nicht auszuschließen. Sie gefährden aber nicht das Gesamtkonzept einer Wissenschaft, genauso wenig wie einige übereifrige oder möglicherweise verrückte Forscher, die menschliche Wesen klonen. Ethik als Reflexionswissenschaft kann eine gewisse externe Kontrolle insofern ausüben, insofern sie über Alternativen nachdenkt.

In der technologischen wie in der wissenschaftlichen Forschungspraxis verflüchtigt sich der Gegensatz von natürlich und künstlich, von Natur und Technik immer mehr, während er in der ethischen Diskussion immer emphatischer herangezogen wird. Das Paradox der Life-Sciences besagt: Das Natürliche und das Lebendige wird am effizientesten mit modernster Technoscience erforscht und verstanden. Der erfolgreiche technische Zugang zum Lebendigen wie zum Organismus und seiner Organisation sind wesentlicher Ausgangspunkt auch für die Analyse der sittlichen Dimensionen der Erkenntnis des Lebendigen und des Umgangs mit ihm (Irrgang 2005b). Die Integration der Ergebnisse der Life Sciences in unsere Denkkultur steht weitgehend noch aus. Sie sollte aus kulturellen wie aus ethischen Gründen von den Geistes- und Humanwissenschaften noch geleistet werden. Hans Lenk unterscheidet interne und externe Verantwortlichkeit der Wissenschaft. Wissenschaftsethik, genauer: moralische Verantwortung gegenüber den potentiell Betroffenen einerseits und das zunftinterne Ethos des Wissenschaftlers andererseits sollten nicht verwechselt werden. Es geht meist übrigens nicht um die Zuweisung der Alleinverantwortung an einzelne, sondern um das Tragen von Mitverantwortung, um Beteiligung an der Verantwortlichkeit. Die erweiterte Verantwortlichkeit angesichts des einmal eingegangenen und nicht mehr einfach zu widerrufenden faustischen Paktes beim wissenschaftlich- technischen Fortschritt ist in der Tat wichtiger als eine kaum jemals zuzurechnende rückwirkenden moralische Alleinverursacher Verantwortung bei Grundlagenforschungen (Lenk 2006). Realisierbarkeit, nicht wissenschaftliche Exaktheit sollte das oberste Ziel ethischer Leitbilder sein (Irrgang 2008b).

Philosophie versteht sich als strukturierende Forschung der Konstitutionsbedingungen von Wissen und Können, Wissenschaftsphilosophie als integrativ strukturierende Reflexion von Technologie, Wissenschaft und Ethik, aber auch der technischen, institutionellen und epistemologischen Anteile der Wissenschaften selbst. Ethik ist dabei keine Spezialdisziplin, sondern ein anderer Name für Philosophie, sowohl die theoretische wie die praktische Philosophie betreffend. Metaethik versteht sich daher auch als Wissenschaftsphilosophie. Der wissenschaftsinterne standesethische Diskurs und die dadurch definierten Korrekturmechanismen sind begrenzt durchaus wirksam, für die Wahrnehmung des externen wissenschafts- und forschungsethischen Diskurses sind allerdings auch professionelle Ethiker wie Philosophen heranzuziehen. Für die Geisteswissenschaften wie die Philosophie besteht die zentrale Aufgabe, wissenschaftlich-technologisch erzeugtes Wissen in die kulturelle Welt zu integrieren, Sinnpotentiale zu erschließen und Gestaltungsperspektiven zu erarbeitet, und zwar in transdisziplinärer Verflechtung der Arbeitsweisen. Mit der Berücksichtigung der wissenschaftlichen Praxis erhält das Kunstmoment in der Wissenschaft (bis hin zur angewandten Ethik) eine neue Bedeutsamkeit auch für Wissenschaft. Wissenschaft und Kunst sind unterschiedliche Disziplinierungsprogramme (Methoden) für Wissen und Können, in der sich Technoscience, Technoresearch und theoretisch-spekulatives Forschen wechselseitig durchdringen. Integriert sind hier Wissenschafts- und Forschungspraxis mit ihrem Ziel der Realisierung von Wissenschafts- und Forschungsethik. Eine Forschungsbereiche konstituierende Strukturierung (Disziplinenbildung mit transdisziplinärer Integration) im Rahmen philosophischer

Forschung und Theoriebildung ist erforderlich und ermöglich eine realisierbare Wissenschafts- und Forschungsethik über das klassische Wissenschaftsethos hinaus. Nur eine an Epistemologie geschulte Philosophie kann Grundlage für eine Bioethik im Zeitalter der Life Sciences werden. Und Life Sciences liefern trotz aller technokratischen Instrumentalisierungen Ausgangsmaterial für eine Philosophie des Lebens wie des Lebendigen und des Menschen in seiner ökologisch-kulturellen Einbettung – und das ist eine bislang eher vernachlässigte Dimension der Bioethik, die ich jedoch für höchst bedeutsam halte.

Literatur

EA: Erstausgabe.

HWP: Historisches Wörterbuch der Philosophie, ed. v. J. Ritter und K. Gründer, Bd. 1–12, Darmstadt 1973–2009.

Baker, D. u.a. 2007: Baukasten für Biomaschinen; in: Spektrum der Wissenschaften 2/07, 86–93.

Bareau, A. u.a. 1964 : Die Religionen Indiens III; Buddhismus, Jinismus, Primitivvölker; Stuttgart.

Batchelor, M., K. Brown 1994: Buddhismus and Ecology; New Delhi (London 11992).

Birnbacher, D. 1988: Verantwortung für zukünftige Generationen; Stuttgart.

Birnbacher, D. 1997: Ökophilosophie; Stuttgart.

Birnbacher, D. 2006: Natürlichkeit; Berlin.

Boldt, J., O. Müller, G. Maio 2009: Synthetische Biologie. Eine ethisch-philosophische Analyse; Bern.

Bonner, J. T. 1983: Kultur-Evolution bei Tieren aus dem Amerikanischen übersetzt von I. Horn; Berlin und Hamburg.

Borsche, T. 1980: Artikel Leib, Körper; in HWP 5, 173–178.

Brenner, A. 2003: (Hg.) Tiere beschreiben; Erlangen.

Brickwedde, F. u.a. 2003: (Hg.) Biotechnologie – Innovationsmotor einer nachhaltigen Entwicklung; Berlin.

Brockhaus, K. 1972: Art. Dispositionsbegriff; in HWP 2 Darmstadt 1972, 266.

Brockhaus, W. 1975: (Hg.) Das Recht der Tiere in der Zivilisation. Eine Einführung in Naturwissenschaft, Philosophie und Einzelfragen des Vegetarismus; München.

Calvin, W. 2004: Wie das Gehirn denkt. Die Evolution der Intelligenz ([1]1996) übers. v. M. Niehaus-Osterlock; Heidelberg.

Camerling, E. 1928: Über den Ahnenkult in Hinterindien und auf den großen Sunda-Inseln; Rotterdam.

Caroll, Sean B. 2008: Evo Devo. Das neue Bild der Evolution; übers. K. Beginnen u. S. Kuntz; EA 2005; Berlin.

Chadwick, R. 1998: (Hg.) The Concise Encyclopedia of the Ethics of New Technologies; San Diego u. a.

Charpa, U. 2001: Wissen und Handeln. Grundzüge einer Forschungstheorie; Stuttgart, Weimar.

Cowan, W.; P. J. Watson 1992: (; Hg.) The origins of agriculture. An international perspective; Washington, London.

De Santis, St. 1995: Nature and Man. The Hindu perspectives; Varanasi.

DFG 1993: (Deutsche Forschungsgemeinschaft; Senatskommission für tierexperimentelle Forschung; Hg.) Tierversuche in der Forschung; Weinheim.

DFG 2002: Schwellenwerte für Produkte aus gentechnisch veränderten Pflanzen; Weinhain.

Donald, M. 1991: Origins of the Modern Mind. Three Stages in the Evolution of Culture and Cognition; Cambridge Mass. London.

Donald, M. 1993: Human cognitive evolution: What we where, what we are becoming; in: Social research 60/1 1993, 143–170.

Duncker, H.-R. 2005: Human as a biological and cultural being; in: H.-R. Dunker und K. Prieß: (Hg.) On the uniqueness of humankind; Berlin u. a.

Dunn, M. 2000: (Hg.) From genome to proteome. Advances in the practice and application of proteomics; Weinheim u. a.

Edelmann, G., G. Tonnoni 2004, Gehirn und Geist. Wie aus Materie Bewusstsein entsteht, übers. von S. Kuhlmann-Krieg; München (EA 2000).

Elsässer, A. 1986: Lassen sich Tierversuche ethisch rechtfertigen?; Stimmen der Zeit 222, 723–732.

Fischer, K. 2002: Ist Evaluation unvermeidlich innovationshemmend? Eine Reinterprätation der Kuhnschen Sicht der Wissenschaftsdynamik; in: E. Pipp (Hg.) Tagungsberichte vom 9. österreichischen Online-Informationstreffen und 10. österreichischen Dokumentionstag 24.–27. April 2001; Universität Graz; Wien, 109–128.

Fischer, K. 2004: Spielräume wissenschaftlichen Handelns. Die Grauzone der Wissenschaftspraxis; in: Freiheit der Wissenschaft (Hg.): Freiheit und Verantwortung in Forschung, Lehre und Studium. Die ethische Dimension der Wissenschaft; Berlin, 41–120.

Fischer, K. 2007: Fehlfunktionen der Wissenschaften in: EWE 18 (2007), 1, 3–76.

Fonk, Peter 1983: Transformation der Dialektik. Grundzüge der Philosophie Arnold Gehlens; Würzburg.

Forster, M. N. 2007: Menschen und andere Tiere. Über das Verhältnis von Mensch und Tier bei Tomasello; in: D. Z. Phil. Berlin 55 (2007) 5, 761–767.

Gan, Sh. 1997: Die chinesische Philosophie; Darmstadt.

Garfield, E. 1979: Citation Indexing – Its Theory and Application in Science, Technology and Humanities; Philadelphia.

Gehlen, A. 1972: Der Mensch. Seine Natur und seine Stellung in der Welt; Wiesbaden.

Gert, B. 1983: Die moralischen Regeln. Eine neue rationale Begründung der Moral übersetzt von W. Rosenthal; Frankfurt.

Gethmann, C. F. 1998: Praktische Subjektivität und Spezies; in W. Hogrebe (Hg.): Subjektivität; München, 125–145.

Gethmann, C. F. 1993: Dasein: Erkennen und Handeln. Heidegger im phänomenologischen Kontext; Berlin, New York.

Gibbs, W. W. 2004: Künstliche Biomaschinen. Synthetische Biologie, in: Spektrum der Wissenschaft 10/2004, 68–75.

Gould, J. u. C. 1997: Bewusstsein bei Tieren; übers. v. A. Held (11994); Heidelberg Ihde, D. 1983: Existential technics; Albany.

Griffin, D. R. 1990: Wie Tiere denken. Ein Vorstoß ins Bewusstsein der Tiere; übersetzt von Elisabeth M. Walther ([1]1984); München.

Gutmann, M. 1996: Die Evolutionstheorie und ihr Gegenstand. Beitrag der Methodischen Philosophie zu einer konstruktiven Theorie der Evolution; Berlin.

Hacking, Ian 1996: Einführung in die Philosophie der Naturwissenschaften; übersetzt von J. Schulte (EA Representing and Intervening 1983); Stuttgart.

Heiden, St. u.a. 2001: (Hg.) Biotechnologie als Interdisziplinäre Herausforderung; Heidelberg, Berlin.

Herden, B. 2006: Erstkontakt; in: Technology Review 7/2006, 34–40.

Höffe, O. 1984: Der wissenschaftliche Tierversuch. Eine bioethische Fallstudie; in: Ethik der Wissenschaften? Philosophische Fragen; ed. v. Elisabeth Ströker; Paderborn, München, Wien, Zürich, 117150.

Humphrey, C., P. Vitebsky 2002: Sakrale Architektur. Modelle des Kosmos, symbolische Formen und Schmuck. Östliche und westliche Tradition ([1]1997) übers. aus dem Englischen v. Peter Simon; Köln.

Irrgang, B. 1986: Zur Problemgeschichte des Topos „christliche Anthropozentrik" und seine Bedeutung für eine Umweltethik; in: Münchener Theologische Zeitschrift 37 (1986), 185–203.

Irrgang, B. 1989: Bewertung der Gentechnologie aus ethisch-theologischer Perspektive. Methodische Grundlegung einer Ethik der Gentechnologie; BioEngineering, 5/1 1989, 36–40; 5/2 1989, 73–76; 5/3 1989, 68–72.

Irrgang, B. 1990: Leitlinien einer Ethik der Gentechnik. Vorüberlegungen zu einer Ethik der Biotechnologie; Naturwissenschaften 77 (1990), 569–577.

Irrgang, B. 1991a: Sittliche Fragestellungen und Grenzziehungen bei der Anwendung der Biotechnologie in der Tierproduktion; Züchtungskunde 63 (3), 247–257.

Irrgang, B. 1991b: Transgene Tiermodelle im biomedizinischen Experiment. Forschungsethische Überlegungen; Forum für interdisziplinäre Forschung 4/1, 54–66.

Irrgang, B. 1992: Christliche Umweltethik. Eine Einführung; München, Basel.

Irrgang, B. 1993: Gentransfer bei Tierversuchen und in der Tierzucht. Ethische und juristische Grenzen; in: Politische Studien 44 (1993) 332, 76–81.

Irrgang, B. 1994: Gerechtigkeit als Grundlage einer internationalen Umweltpolitik; in: Sozialwissenschaftliche Informationen 23 (1994), I, 40–49.

Irrgang, B. 1996: Artikel Gen-Ethik ; in: Handbuch der angewandten Ethik; hrsg. von Julian Nida-Rümelin; Stuttgart 1996, 510–551.

Irrgang, B. 1997: Forschungsethik Gentechnik und neue Biotechnologie. Grundlegung unter besonderer Berücksichtigung von gentechnologischen Projekten an Pflanzen, Tieren und Mikroorganismen; Stuttgart.

Irrgang, B. 1998a: Praktische Ethik aus hermeneutischer Perspektive; Paderborn.

Irrgang, B. 1998b: Wozu können Klonierungsverfahren dienen: ethische Bewertungskriterien; in: J. Ach, G. Brudermüller, Ch. Runtenberg (Hg.): Hello Dolly? Über das Klonen; Frankfurt/M, 72–89.

Irrgang, B. 1998c: Art. Biozentrik (Bd. I, 402–404); Art. Pathozentrik (Bd. II, 834–835); Art. Physiozentrik (Bd. III, 28–30); Theozentrik (Bd. III, 526–528); Art. Tierschutz (Bd. III, 561–567); in: Lexikon der Bioethik; hrsg. von W. Korff, L. Beck, P. Mikat; Gütersloh.

Irrgang, B. 1999a: Gentechnik in der Tierzüchtung; in: Th. Hausmanninger, Scheule, Rupert (Hg.) ... geklont am 8. Schöpfungstag. Gentechnologie im interdisziplinären Gespräch; Augsburg, 227–242.

Irrgang, B. 1999b: Nachhaltigkeit als Leitbild für Grüne Gentechnik? in: D. Harreus (Hg.): Gentechnologie. Fakten und Meinungen zum Kernthema des 21. Jahrhunderts; Berlin 1999, 146, 195–210, 241f.

Irrgang, B. 2001a: Lehrbuch der Evolutionären Erkenntnistheorie; ([1]1993) München, Basel.

Irrgang, B. 2001b: Technische Kultur. Instrumentelles Verstehen und technisches Handeln; (Philosophie der Technik Bd. 1) Paderborn.

Irrgang, B. 2001c: Gefangen in Sachzwängen? Zur ethischen Dimension der Gestaltbarkeit der Biotechnologie; in: St. Heiden u. a. (Hg.): Biotechnologie als interdisziplinäre Herausforderung; Heidelberg/Berlin 2001, 83–96.

Irrgang; B. 2002a: Technische Praxis. Gestaltungsperspektiven technischer Entwicklung; (Philosophie der Technik Bd. 2); Paderborn 2002.

Irrgang, B. 2002b: Technischer Fortschritt. Legitimitätsprobleme innovativer Technik; (Philosophie der Technik Bd. 3); 218 S.; Paderborn 2002.

Irrgang, B. 2002c: Natur als Ressource, Konsumgesellschaft und Langzeitverantwortung. Zur Philosophie nachhaltiger Entwicklung; Technikhermeneutik Bd. 2; Dresden 2002.

Irrgang B. 2003a: Künstliche Menschen? Posthumanität als Kennzeichen einer Anthropologie der hypermodernen Welt?; in Ethica 11/2003/1, 5–33.

Irrgang, B. 2003b: Von der Mendelgenetik zur synthetischen Biologie. Epistemologie der Laboratoriumspraxis Biotechnologie; Technikhermeneutik Bd. 3; Dresden.

Irrgang, B. 2003c: Nachhaltigkeit als Ideologie?; in: Revista Portugesa de Filosofia 84/3 2003,763–784.

Irrgang, B. 2005a: Posthumanes Menschsein? Künstliche Intelligenz, Cyberspace, Roboter, Cyborgs und Designer-Menschen – Anthropologie des künstlichen Menschen im 21. Jahrhundert; Stuttgart.

Irrgang, B. 2005b: Einführung in die Bioethik; München.

Irrgang, B. 2005c: Der Cyborg als der Übermensch Friedrich Nietzsches? Anmerkungen zur Posthumanismusdiskussion; In. R. Kaufmann, H. Ebelt (Hg.) Scientia et Religio. Religionsphilosophische Orientierungen; Festschrift für Hanna-Barbara Gerl-Falkovitz; Dresden 2005, 315–333.

Irrgang, B. 2006: Technologietransfer transkulturell. Komparative Hermeneutik von Technik in Europa, Indien und China; Frankfurt u. a.

Irrgang, B. 2007a: Hermeneutische Ethik. Pragmatisch-ethische Orientierung für das Leben in technologisierten Gesellschaften; Darmstadt; Übersetzung ins Japanische 2014.

Irrgang, B. 2007b: Gehirn und leiblicher Geist. Phänomenologisch-hermeneutische Philosophie des Geistes; Stuttgart.

Irrgang, B. 2008a: Philosophie der Technik; Darmstadt.

Irrgang, B. 2008b: Realisierbarkeit sittlicher Urteile als ethisches Kriterium – Implikationen für Theorien angewandter Ethik; In: M. Zichy, H. Grimm (Hg.) Praxis in der Ethik. Zur Methodenreflexion in der anwendungsorientierten Moralphilosophie; Berlin, New York 2008, 359–386.

Irrgang, B. 2008c: Langzeitverantwortung und Nachhaltigkeit; in C. F. Gethmann, J. Mittelstraß (Hg.): Langzeitverantwortung. Ethik. Technik. Ökologie; Darmstadt 2008, 87–98.

Irrgang, B. 2009: Der Leib des Menschen. Grundriss einer phänomenologisch-hermeneutischen Anthropologie; Stuttgart.

Irrgang, B. 2010: Von der technischen Konstruktion zum technologischen Design Philosophische Versuche zur Ingenieurstechnik; Münster.

Irrgang, B. 2012: Projektmedizin. Neue Medizin, technologie-induzierter Wertewandel und ethische Pragmatik; Stuttgart 2012.

Janich, P., M. Weingarten 1999: Wissenschaftstheorie der Biologie. Methodische Wissenschaftstheorie und Begründung der Wissenschaften; Paderborn.

Janich, P. u.a. 2001: (Hg.) Biodiversität. Wissenschaftliche Grundlagen und gesetzliche Relevanz; Berlin u.a.

Jonson, A., St. Toulmin 1988: The abuse of casuistry. A history of moral reasoning; Berkeley u.a.

Joung, K., J. D. Sander 2012: TALENS. A widely applicable technology for targeted genome editing; in: Nature Review Molecular Cell Biology AOP, published online 21.11.2012 doi 10.1038/ nrn 3486, 1–7.

Kaplan, H. 1983: Leichenschmaus. Ethische Gründe für eine vegetarische Ernährung; Reinbek bei Hamburg.

Kaulbach, F. 1980: Artikel Leib; Körper. Neuzeit; in: HWP 5, 178–185.

Krohn, W., Küppers, G. 1992: (Hg.) Emergenz. Die Entstehung von Ordnung, Organisation und Bedeutung. Frankfurt/M.

Leder, D. 1990: The absent body; Chicago London.

Lembeck, F. 1988: (Hg.) Alternativen zum Tierversuch; Stuttgart, New York.

Lenk, H. 1993: Philosophie und Interpretation. Vorlesungen zur Entwicklung konstruktionistischer Interpretationsansätze; Frankfurt.

Lenk, H. 1995: Interpretation und Realität. Vorlesungen über Realismus in der Philosophie der Interpretationskonstrukte; Frankfurt.

Lenk, H. 2006: Weltorientierung durch Schemata im Erkennen und Handeln. Eine neurophilosophische Betrachtung über Weltwahrnehmung und Weltverhalten; in: Geographie und Schule 28 (2006), H. 160, 12–23.

Lovelock, J. E. 1979: Gaia. A new look at life on Earth; Oxford.

Mahner, M.; M. Bunge 2000: Philosophische Grundlagen der Biologie; Berlin u.a.

Mc Adams, H. H., A. Arkin 2000: Gene regulation: Towards a circuid engineering discipline; in: Current Biology 10/2000, R313- R320.

Marcus, G. 2005: Der Ursprung des Geistes. Wie Gene unser Denken prägen; übers. von Ch. Truk; Düsseldorf/Zürich.

Mattick, J. 2003: Challenging the dogma: the hidden layer of non-protein-coding RNAs in complex organisms; in: Bioessays 25.10, S. 930–939.

Mattick, J. 2005: Das verkannte Genom-Programm; in Spektrum der Wissenschaft 3/2005, 62–69.

Meyer-Abich, K. 1979: (Hg.) Frieden mit der Natur; Freiburg, Basel, Wien.

Meyer-Abich, K. 1984a: Wege zum Frieden mit der Natur. Praktische Naturphilosophie für die Umweltpolitik; München, Wien.

Meyer-Abich, K. 1984b: Das Recht der Tiere. Grundlage für ein neues Verhältnis zur natürlichen Mitwelt; in: U. Händel (Hg.); Tierschutz. Testfall unserer Menschlichkeit; Frankfurt/M., 22–35.

Meyer-Abich, K. 1986: Dreißig Thesen zur Praktischen Naturphilosophie; in: H. Lübbe, E. Ströker (Hg.): Ökologische Probleme im kulturellen Wandel. Ethik der Wissenschaften Bd. 5; München, Paderborn, 100–108.

Miller, G. F. 2001: Die sexuelle Evolution. Partnerwahl und die Entstehung des Geistes; aus dem Englischen J. Wissmann; Heidelberg, Berlin (EA 2000).

Neuweiler, G. 2005: Der Ursprung unseres Verstandes; in: Spektrum der Wissenschaft 1/2005, 24–31.

Newen, A. 2011: Das Verhältnis von Mensch und Tier; in: Spektrum 4/11, 70–75.

Nguyen, D., T. Flisikowska 2012: Gene gezielt modifizieren mit Designer-Nukleasen; in: Laborwelt 13 3/2012, 6–8.

Nida-Rümelin, J. 1996: Wissenschaftsethik; in: Ders. (Hg.): Angewandte Ethik. Die Bereichsethiken und ihre theoretische Fundierung. Ein Handbuch; Stuttgart, 778–805.

Noe, A. 2004: Action in perception; Cambridge Mass., London.

O'Neill, O. 2002: Autonomy and trust in Bioethics; Cambridge.

Orlans, F. B. 1993: In the name of science. Issues in Responsible Animal Experimentation; New York, Oxford.

Ornstein, R. 1991: The evolution of consciousness; The origins of the way we think; New York u. a.

Peters, R. 1991: A critique for ecology; Cambridge.

Plomin, R., J. C. De Fries, G. E. Mc Clearn, M. Rutter 1997: Behavioral Genetics; New York ³1997 (¹1980).

Regan, T. 1983: The Case for Animal Rights; Berkeley, Los Angeles.

Reinhardt, Ch. 1990: (Hg.) Sind Tierversuche vertretbar? Beitrag zum Verantwortungsbewusstsein in den biomedizinischen Wissenschaften; Zürich.

Remmert, H. 1984: Ökologie. Ein Lehrbuch; Berlin, Heidelberg, New York ³1984.

Robertson, J. 1993: Children of Choice. Freedom and the new reproductive technologies Princeton N. J.

Roetz, H. 1984: Mensch und Natur im alten China; Frankfurt, Bern, New York.

Schanz, H. 1996: Forstliche Nachhaltigkeit. Schriften aus dem Institut für Forstökonomie Freiburg Band 4.

Shrader-Frechette K. S., E. D. Mc Cooy 1993: Methods in ecology: Strategies for conservation; Cambridge u. a.

Smith, J., K. Boyd 1991: Lives in the Balance. The Ethics of Using Animals in Biomedical Research; Oxford, New York, Tokyo.

Spektrum 4/99: Spektrum der Wissenschaften Spezial 4/1999 (Dez. 1999) High-tech-Körper.

Spektrum 1/2006: Spektrum der Wissenschaft Dossier 1/2006: Das neue Genom.

Spinner, H. 1996: Wissensordnung, Ethik, Wissensethik; in: J. Nida-Rümelin (Hg.): Angewandte Ethik. Die Bereichsethiken und ihre theoretische Fundierung. Ein Handbuch; Stuttgart, 718–749.

Sternberg, R. 1996: Successful intelligence. How practical and creative intelligence determine success in life; New York.

Storz, G. 2002: An expanding universe of noncoding RNAs; in: Science 296 (17.05.2002), 1260–1263.

Tattersall, I.2004: Wie der Mensch das Denken lernte; in: Spektrum der Wissenschaft, Dossier 1/04: Die Evolution des Menschen II, 62–69.

Thompson, E. 2007: Mind in Life. Biology, Phenomenology and the sciences of mind; Cambridge Mass., London.

Teutsch, G. 1985: Lexikon der Umweltethik; Göttingen.

Thompson, E., Sh. Gallagher, F. Varela 2001: Radical Embodiment: neural dynamics and consciousness; in: Trends in cognitive sciences 5; 10 (October) 2001, 418–425.

Tomasello, M. 2002: Die kulturelle Entwicklung des menschlichen Denkens. Zur Evolution der Kognition; aus dem Englischen von J. Schröder 1/1999; Frankfurt.

Trocchio, F. Di 1999: Der große Schwindel. Betrug und Fälschung in der Wissenschaft; EA 1992, Reinbek bei Hamburg 1999.

Vogel, Ch. 2000: Anthropologische Spuren. Zur Natur des Menschen; ed. Von Volker Sommer, Stuttgart, Leipzig.

Weingarten, M. 1993: Organismen – Objekte oder Subjekte der Evolution? Philosophische Studien zum Paradigmawechsel in der Evolutionstheorie; Darmstadt.

Wickler, W. 1980: Sieben Thesen zum Tierschutz; in der Tierzüchter 32 Nr. 6, 248.

Winnacker, E. L. 1985a: Gene und Klone. Eine Einführung in die Gentechnologie; Weinheim.

Winnacker, E. L. 1985b: Grundlagen und Methoden der Gentechnologie; in: Max-Planck-Gesellschaft München (Hg.): Gentechnologie und Verantwortung; München, 14–21.

Winnacker, E. L. 1993: Am Faden des Lebens. Warum wir die Gentechnik brauchen; München.

Yoon, H.-Key 2006: The culture of Fengshui in Korea. An exploration of East-Asian Geomancy; Lanham, Boulder u. a.

Zirnstein, Gottfried 1996: Ökologie und Umwelt in der Geschichte; Marburg ([1]1994).

www.ingramcontent.com/pod-product-compliance
Ingram Content Group UK Ltd.
Pitfield, Milton Keynes, MK11 3LW, UK
UKHW041822290926
8980IPUK00002B/6

9 783631 677063